土木建筑大类专业系列新形态教材

居室空间设计

微课版

刘　莉　主编

肖广达　副主编

U0227746

清华大学出版社

北京

内 容 简 介

本书以居室空间设计的工作流程为主线，以企业实际项目为载体，从项目设计准备、项目设计表达、项目设计实施、项目综合设计方面，全面、系统地介绍了居室空间设计的基础理论和各种设计方法、技巧，并通过企业实际案例，对小户型、中户型、大户型和别墅四种常见居室空间的设计进行了详细讲解。本书内容新颖，形式丰富，将课堂互动、设计小技巧、小贴士、知识链接等内容穿插其中，在突出设计任务的同时，注重培养学生的设计技巧和设计能力。本书配套资源丰富，通过二维码将线上和线下知识衔接，满足学生随时随地学习的需求。

本书可作为环境艺术设计、室内设计、建筑室内设计等专业教学用书，也可供行业从业者及设计爱好者阅读和参考。

图书在版编目（CIP）数据

居室空间设计：微课版 / 刘莉主编 . — 北京：清华大学出版社，2023.7
土木建筑大类专业系列新形态教材
ISBN 978-7-302-63694-6

Ⅰ. ①居… Ⅱ. ①刘… Ⅲ. ①住宅－室内装饰设计－教材 Ⅳ. ① TU241

中国国家版本馆 CIP 数据核字（2023）第 102180 号

责任编辑：聂军来
封面设计：刘　键
责任校对：袁　芳
责任印制：丛怀宇

出版发行：清华大学出版社
　　　　网　　　址：http://www.tup.com.cn，http://www.wqbook.com
　　　　地　　　址：北京清华大学学研大厦A座　　　　邮　　编：100084
　　　　社 总 机：010-83470000　　　　　　　　　　邮　　购：010-62786544
　　　　投稿与读者服务：010-62776969，c-service@tup.tsinghua.edu.cn
　　　　质量反馈：010-62772015，zhiliang@tup.tsinghua.edu.cn
　　　　课件下载：http://www.tup.com.cn,010-83470410
印 装 者：三河市龙大印装有限公司
经　　销：全国新华书店
开　　本：185mm×260mm　　　印　　张：11.25　　　字　　数：273千字
版　　次：2023年7月第1版　　　　　　　　　　　印　　次：2023年7月第1次印刷
定　　价：59.00元

产品编号：100653-01

前　言

党的二十大报告指出："统筹职业教育、高等教育、继续教育协同创新，推进职普融通、产教融合、科教融汇，优化职业教育类型定位。"这为推进新时代职业教育改革发展指明了方向，极大地增强了全社会对职业教育发展前景的信心和动力。习近平总书记多次强调，"深化产教融合、校企合作，深入推进育人方式、办学模式、管理体制、保障机制改革。"产教融合、校企合作不仅是产业与教育、企业和院校的融合，也是人才培育、科技创新与区域经济发展的全面连通，既能增强职业教育适应性，又能激发职业教育活力。

本书在思想上、内容上以及数字化等方面体现了先进性，落实了立德树人根本任务。编者把行业企业的新技术、新工艺、新规范、新标准、新案例编入教材，实现校企深度融合，搭建数字化融媒体平台，强化与教材配套的相关教辅资源建设与应用。

物质文明飞速发展，如何设计居室空间才能满足人们的需求，学校教学如何培养出符合社会需求的设计师，教材内容如何最大限度地满足企业用人需求、提高就业率，这些都是教学要考虑的重点，这也是本书编写的初衷。

居室空间设计是建筑室内设计及相关专业的一门核心课程。本书从居室设计的工作流程入手，系统地讲解了居室空间设计的基础理论、各种设计方法和技巧。本书构架合理，脉络清晰，对学习居室空间设计方法有重要的指导作用。

本书以室内设计行业岗位群的工作任务要求为切入点，深入浅出地讲解了居室空间设计相关知识，具体特点如下。

第一，校企合作编写。校企合作的教材编写团队是教材内容准确性和时效性的保证。对参与教材编写的所有人员进行责任界定和分解，完善教材的质量控制体系，组成高校教师与企业专家双元编写团队。

第二，将企业实际案例融入教材内容。根据室内设计行业专业化、精细化、更新速度快的特点，对企业进行调研。在调研的基础上，采用纵向研究的形式，深挖合作企业最新案例，选择典型居室空间类型与案例相融合，了解学生对案例的接受情况，分析案例的实用性，并提出多种可供选择的优秀案例。

第三，融入"1+X"证书标准。根据"1+X"室内设计职业技能等级证书标准开发教材，对于推动学生职业技能和就业竞争力的提升有巨大作用。本书通过梳理内容、课堂实践、学生反馈等方式，根据职业技能等级标准以及思考学分银行的积分转换方式，选取合适的内容融入教材。

第四，数字化新形态教材。书中大量教学资源以二维码形式呈现，内容丰富、形式多样，可供学生碎片化、移动式学习，有助于提高学生的学习兴趣。

本书由刘莉担任主编，肖广达担任副主编。刘莉策划、编写本书大纲，并负责项目 1 "项目设计准备"，项目 2 "项目设计表达"中任务 2.1、任务 2.2、任务 2.3，以及项目 4

"项目综合设计"的编写和相关资源建设及全书整理工作；肖广达负责项目 2 "项目设计表达"中任务 2.4、项目 3 "项目设计实施"的编写。

感谢清华大学出版社的鼎力支持和帮助，让我们把多年的教学与实践积累的经验系统地展现在广大师生面前；感谢在本书编写过程中提供真实案例的企业及设计师，他们分别是为睦设计（祝年微）、湖州庭美装饰有限公司（胡剑伟）、广州筑彩空间装饰有限公司（田文斌）、名雕装饰海悦新城分公司（袁林）；感谢为本书提供优秀素材的相关同学。

本书参考和借鉴了国内的优秀案例及作品，也引用了一些专家的设计理论，虽然已在参考文献中列明，但难免会有遗漏，在此谨向这些文献的作者和案例的设计者表示诚挚的谢意。

由于编者水平有限，书中疏漏之处在所难免，不当之处敬请专家、读者斧正。

编　者
2023 年 2 月

本书课件

目 录

项目1 项目设计准备 ………………………………………………… 1

1.1 居室空间初识 …………………………………………………… 3
1.2 项目接洽与勘测 ………………………………………………… 11
1.3 居室空间中的人体工程学 ……………………………………… 17
项目小结 ……………………………………………………………… 25

项目2 项目设计表达 ………………………………………………… 27

2.1 概念设计 ………………………………………………………… 29
2.2 方案设计 ………………………………………………………… 36
　　2.2.1 空间组织与动线设计 ……………………………………… 36
　　2.2.2 居室各功能空间设计 ……………………………………… 41
2.3 深化设计 ………………………………………………………… 61
　　2.3.1 界面与材料 ………………………………………………… 61
　　2.3.2 采光与照明 ………………………………………………… 67
　　2.3.3 色彩设计 …………………………………………………… 72
2.4 施工图绘制与审核 ……………………………………………… 76
项目小结 ……………………………………………………………… 87

项目3 项目设计实施 ………………………………………………… 89

3.1 设计与施工 ……………………………………………………… 91
3.2 设计与竣工验收 ………………………………………………… 96
项目小结 ……………………………………………………………… 102

项目4 项目综合设计 ………………………………………………… 103

4.1 小户型项目设计 ………………………………………………… 105
　　4.1.1 小户型项目设计案例解析 ………………………………… 105
　　4.1.2 小户型项目实训 …………………………………………… 110
4.2 中户型项目设计 ………………………………………………… 117

4.2.1 中户型项目设计案例解析 ···················· 117

4.2.2 中户型项目实训 ···················· 126

4.3 大户型项目设计 ···················· 136

4.3.1 大户型项目设计案例解析 ···················· 136

4.3.2 大户型项目实训 ···················· 141

4.4 别墅项目设计 ···················· 152

4.4.1 别墅项目设计案例解析 ···················· 152

4.4.2 别墅项目实训 ···················· 157

项目小结 ···················· 173

参考文献 ···················· 174

项目描述

居室空间设计是住宅建筑设计的延续和深化，也是最贴近人们的生活、情感、健康、舒适的设计类型。本项目通过讲解居室空间的分类、风格、发展演变、设计流程等内容，为后面的设计实操打下坚实的理论基础。

知识目标	（1）了解居室空间设计的基础理论知识 （2）了解项目接洽及勘测的知识 （3）了解人体工程学的基本知识
能力目标	（1）能熟练确定设计的各种风格 （2）能根据业主情况及需求进行设计的初步定位 （3）能根据人体工学尺寸确定各空间合适的尺度
素质目标	（1）培养学生的社会责任与担当意识 （2）培养学生动态发展的设计观 （3）培养学生建立文化自信
工作内容	（1）学习与居室空间设计有关的知识 （2）完成项目的接洽及勘测 （3）完成项目的其他前期准备工作
工作流程	初步设计定位→认知空间→现场勘测
岗课赛证融通	1. 室内设计师岗位技能要求 （1）能精准分析室内设计客群，能熟练掌握室内设计沟通技巧 （2）能对业主功能需求进行准确的分析与判断 （3）能快速收集设计项目的各项数据和基本资料 （4）能对空间形象和装修尺度进行分析设计 ➤ 对接方式： 　　项目接洽、现场勘测 2. "1+X"室内设计职业技能等级标准（中级） （1）熟悉室内设计风格和流派知识 （2）熟悉室内设计的原则、方法与程序

续表

岗课赛证融通	（3）掌握房屋测量的基本知识 （4）掌握人体工程学相关知识 ➤ 对接方式： 　　居室空间设计原则、现场勘测、居室空间设计中的人体工程学 3.环境设计赛项模块 专业基础及手绘构思设计方案 ➤ 对接方式： 　　居室空间设计的定义、居室空间中人体工程学
评价标准	（1）项目任务解读能力 20% （2）设计定位准确性 40% （3）现场勘测准确性 40%

思维导图

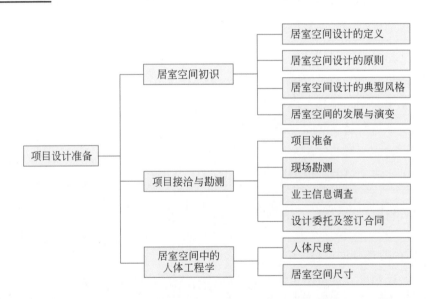

案例导入

随着社会经济的不断发展，居室空间的设计逐渐引起人们的重视。除了满足于人们的基本物质需求外，设计师开始考虑满足人们的精神需求，使居室空间设计与地域特色、传统文化和风俗习惯相融合，从而展现出充满个性化和人性化的居室空间设计。

案例分析

该案例是私人宅邸设计（图 1-1）。英剧《唐顿庄园》席卷全球，其对西方上流社会生活方式的再现，一度成为一部分人生活追求的典范。华灯初上，纷繁热闹的城市中，设计师以该剧为设计灵感，为业主打造了这处欧式风格的私人宅邸。它是设计师对家温馨华贵的真切诠释，也是业主丰富生活阅历的再次沉淀。设计师将开阔的庭院打造成了舒适的休闲娱乐区。欢乐的周末业主携家人，一起感受庭院里的下午茶，静静地享受悠闲的林荫时光，仿佛穿越到了令人憧憬的唐顿庄园。

图 1-1　私人宅邸设计

1.1　居室空间初识

📖 必备知识

　　老子在《道德经》中说过："凿户牖以为室，当其无，有室之用。故有之以为利，无之以为用。"意思是指在建筑物的四壁开凿门窗，中间空出的地方便可以用作房屋，但真正构成房屋用途的并不是四壁，而是中间的空间。古时的人们追求房屋的基础功能，如能够防风避雨、躲避虫蛇野兽等。随着文明和技术的发展，"生存"需求逐渐提升为"生活"享受，人们希望居住环境能够更加舒适和便捷，甚至应体现出一定的文化内涵和艺术美感。当人们有意识地通过一些创造性的加工、装饰活动来解决上述需求与现有住宅之间的矛盾时，居室空间设计便诞生了。

一、居室空间设计的定义

　　居室空间设计是指在建筑物所提供的空间中，设计师结合居住者的物质和精神需要，运用各种设计手法进行的一种人工环境的再创造。居室空间设计包含了三个层次：第一，居室空间设计应充分考虑居住者的生活习惯和心理需求，以"人"为核心；第二，居室空间的再创造是一种有限的创造，要与建筑实体的客观条件相结合；第三，居室空间设计要使人的需求、建筑空间、艺术风格三者之间达到协调。

二、居室空间设计的原则

1. 安全舒适

马斯洛需求层次理论由美国社会心理学家亚伯拉罕·马斯洛于1943年提出，该理论将人的需求从低到高依次分为生理需求、安全需求、社交需求、尊重需求和自我实现需求，其中安全需求位于第二位，仅次于第一位的饮食、睡眠等基本生理需求（图1-2）。因此，确保居室空间的安全性，是居室空间设计中的首要原则。居室空间设计的安全性包含两个层面的内容。第一，居室本身不易被外界侵入，能够保护居住者的人身及财产安全。第二，在设计和施工中保障居住者的安全，如保护建筑结构，不破坏承重墙等；合理安排水、电管线的走向，避免漏电、漏水事故的发生；选择优质、安全的装饰材料、家具陈设等。在安全性的基础之上，人们还需要考虑提升居室的舒适度。是否舒适是人们评价居室品质的首要条件，充足的阳光、清新的空气、温馨的生活氛围、便捷的生活体验等都是舒适的居室空间的构成要素。

2. 方便实用

居室空间承担了人们绝大多数的日常生活需求，如睡眠、饮食等用以保障基本生存的需求，以及休闲、家庭娱乐等扩展需求。为了满足这些需求，设计师要综合运用人体工程学、环境心理学等多方面的知识，合理规划居室空间，如在厨房操作区增加收纳空间（图1-3），便于收纳物品等。

图1-2　马斯洛层次需求理论示意图

图1-3　方便实用的收纳空间设计

3. 具有艺术美感

居室空间的美学原则强调以"美设计"来提升生活品质，即将艺术和审美融入日常生活，从而提升居住者的幸福感。居室空间的艺术美感可以通过对空间比例、尺度、色彩、材质、陈设布置等元素的巧妙设计来实现。

4. 文化特征

对"以人为本"设计理念的践行，不仅体现在对居室舒适度、实用性的强调上，还体现在对居室空间文化底蕴的提升上。文化具有继承性、地域性和民族性等特点。传统图案、样式等是设计的源泉，同时，设计也受到地域、民族、宗教等特定文化背景的限制（图1-4）。在居室空间的设计中适当地体现地域、民族、宗教等文化特征，可提升住宅空间的文化品位。

5. 生态友好

绿色家具和生态环保是当前居室空间设计的一大趋势，这也是目前贯穿居室空间设计始末的一项重要原则。生态友好的居室空间设计主要表现为以下三个方面：第一，充分利用自然光照和自然通风来改善居室内的小气候，减少对电器的依赖；第二，充分利用空间及装修材料，避免浪费；第三，选择环保型装修材料及家具（图1-5）。

图1-4 具有民族风情的居室空间　　　　图1-5 环保草编墙纸卧室

课堂互动 👥

你还能想到哪些实现居室空间生态友好的方法？

三、居室空间设计的典型风格

微课：居室空间设计概述

1. 传统风格

常见的传统风格主要有传统中式风格和传统欧式风格。

（1）传统中式风格。传统中式风格设计通常采用对称式布局，给人以庄重、稳健之感；装饰材料及家具陈设以深色木材为主，并搭配有丝质布艺织物；空间主色调多为青灰色、棕色等（图1-6）。近年来出现的新中式风格继承了明清时期家居配饰理念的精华，提炼出其中的经典元素并加以丰富，将中式元素与现代材质巧妙融合，使居室整体风格更加简洁清秀；同时改变了原有空间布局中等级、尊卑等思想，为传统居室文化注入了现代气息（图1-7）。

图 1-6　传统中式风格

图 1-7　新中式风格

（2）传统欧式风格。传统欧式风格是一种雍容华贵的设计风格，浓墨重彩、造型精美，通常会使用到吊灯、装饰画、古典花卉图案、绸缎布艺等元素。传统欧式风格的居室给人以富丽堂皇之感，适用于面积较大的居室空间（图 1-8）。

2. 田园风格

田园风格提倡"回归自然"，整体氛围比较朴实、悠闲。常见的田园风格有法式田园风格和英式田园风格（图 1-9）。

法式田园风格轻快明丽，主色调多为浅色系，如灰绿色、灰蓝色、鹅黄色、藕粉色等。木耳边的布艺品是法式田园风格的一个典型特征。英式田园风格多使用造型古旧的家具陈设，织物上大多有纷繁秀丽的花卉图案，整体风格比较优雅。

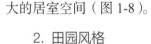

图 1-8　传统欧式风格

图 1-9　田园风格

3. 现代风格

注重功能性的现代风格是目前比较流行的设计风格。现代风格起源于包豪斯学派，该学派秉承简洁、实用、多功能、突破性的设计理念，强调设计与工业生产之间的关系，因此其居室空间设计具有造型简单、推崇科学工艺、重视材料本身性能等特点（图1-10）。

4. 混搭风格

近年来，建筑和居室空间设计在总体上呈现多元化、兼收并蓄的趋势。室内布置中也有既趋向现代实用风格又吸取传统风格的特征，在设计与陈设中融古今、中西于一体（图1-11）。

图1-10 现代风格

图1-11 美式现代混搭风格

小贴士

白色能增加室内亮度，使人产生乐观、积极的心理感受；使用白色作为主色调，能为空间增加明快的效果。但大面积的白色比较单调，因此需要格外注重对界面肌理和照明方面的设计。同时，白色具有反衬作用，让红色更红，蓝色更蓝，因此白色空间中不能加入过多的色彩，否则会使人感到混乱、焦躁不安。

思想提升

【知识点】新中式风格

新中式风格是借助现代设计语言，将中华优秀传统文化和现代材料等设计元素通过提炼并加以丰富，融入现代生活环境和审美习惯中的一种装修风格，是中国传统文化意义在当前时代背景下的创新演绎，越来越受到人们的青睐。

【互动研讨】深入了解了中式传统风格和新中式风格之后，请同学们提炼出新中式风格中隐含的中华优秀传统文化的精髓，并举例说明我国还有哪些设计体现了中国传统文化底蕴与现代创新设计的完美结合。

【总结分析】中华传统文化魅力，中华人文底蕴。

微课：中国传统文化艺术

四、居室空间的发展与演变

1. 居室空间的历史演变

1）原始社会时期：依穴而处，构木为巢

原始社会时期，我国的居住文化主要源于两种居住形式：一种是长江流域的巢居形式；

另一种是黄河流域的穴居形式。

巢居从形成到发展经历了单树建巢、多树建巢、干阑式建筑三个阶段。在单树建巢阶段，先民们像鸟一样选择适宜的树木，利用其结实的树干与枝丫，在上面搭建可供休息和躲避危险的居所，四周及顶盖用树枝或藤条编织围拢，起到遮风挡雨的作用。此后，由于人口不断增长，单树的巢居住所已无法满足先民们的生活需求。经过一段时期的观察与摸索，先民们在长江流域树木茂密的地带，利用小范围联系紧密、规整的树木，采用捆绑、结扎等手段，使用更加结实的枝干、藤条把相邻的几棵树搭建成一个更大的巢式居所，由此，巢居的发展正式进入了多树建巢阶段。以多棵树干为基础的居所样式，为先民们的居所从树上转移到地面奠定了基础，推动巢居的发展进入了干阑式建筑阶段（图1-12）。目前可知最早的是浙江余姚河姆渡村发现的干阑式建筑，其建成于距今7000年的新石器时代。

穴居形成于我国的黄河流域。发现先民们曾经栖身的洞穴，是距今约50万年的北京周口店"猿人"龙骨山岩洞，洞口避风向阳，洞内比较干燥，适宜居住生活（图1-13）。由于人口的增多及氏族部落的形成，先民们产生了改变居住环境的需求，穴居的形式逐渐发生了转变。从穴居到地面房屋的出现，大致经历了横穴、半横穴、竖穴、半地穴、地面房屋这样一个漫长而曲折的发展过程。

图1-12　河姆渡干阑式建筑

图1-13　周口店遗址

2）封建社会时期：以家而成的传统民居

这一时期的民居形式，其平面的构建虽仍以简朴、构造方便的方形或长方形为主，但木构架、夯土筑墙、坡顶，以及利用视觉中心控制立面等建造手法都已逐渐成形：门、堂、庭院、正房、后院、回廊等建筑单位也日趋完善。建筑的基本模式仍是以北方民居与南方民居为主，注重私密性，追求安宁静谧的氛围，通常由封闭的院落组合构成，空间过渡包含街、巷、宅三个层次，环境尺度亲近，具有公共空间与私密空间之间的复合性，给人以舒适、轻松和亲切之感。其中以北京的四合院最具代表性。

3）近现代：逐渐发展成以人为本的居住环境

在中国近现代政治、经济、环境的变化下，居住建筑经历了四个阶段的演变：20世纪20年代，西方各个时期的风格与流派在中国建筑中杂陈并列，逐渐呈现出一种交汇与融合的趋势，设计师们旨在探索出一种"中西合璧"的建筑风格；1949年后一段时期的城镇中心居住区建造规划模式基本照搬苏联的经验，居住建筑规划布局简单地采用行列式和周边式，而广大的农村地区，仍以当地传统民居为主；20世纪80年代以后，新兴市镇建设更注重群体艺术的价值，深圳、珠海、上海、天津、北京等大城市的卫星城和居住小区、历史文化名城的个性特征和艺术表现力都很突出；现在，立足我国国情，在传统建筑风格上发展创造出有我国特色的建筑风格。逐步注重满足人们的需求，突出"以人为核心"，关注人们不断提升的审美需求，朝多元化方向发展，并关注居民生活的舒适性和功能性。

2. 居室空间的发展趋势

随着社会的发展和科技的进步，居室空间的设计呈现出了一种新的发展趋势。

（1）功能多样化。现代人的生活方式越来越丰富，如何用有限的空间满足人们多样的功能需求，成为设计师重点关注的问题。对于面积较大的居室空间，可以通过功能区的划分来实现功能的多样化，如设置健身房（图1-14）、儿童玩具房等；对于面积较小、空间不足的居室空间，则应从增强空间的多功能性入手，例如，可在卧室里设置电视机、书桌、沙发等家具家电，从而扩展卧室的功能（图1-15）。

图1-14　居室中的健身空间

图1-15　兼具休息、工作、娱乐功能的卧室

（2）个性化。随着生活水平的提高，人们越来越重视生活品质，特别是年轻群体，他们不满足于现代居室的千篇一律，更希望自己的居室能有专属的独特风格。设计师应充分考虑居住者的职业、年龄、兴趣爱好、生活方式等因素，合理利用各种设计要素，创造出具有不同文化内涵及表现形态的居室空间（图1-16和图1-17）。

图1-16　玩偶座椅是孩子成长的赠礼

图1-17　传统与现代并存的居室空间

（3）环保化。随着环境保护观念的深入，居室设计应更加重视节能环保。例如，应尽量避免使用不可再生资源，以及选择节能型电器等（图1-18）。此外，随着居室使用时间

变长，居住者会产生再次装修的需求，因此，设计师还需要考虑避免再次装修时对资源的浪费，如通过家具、陈设等方式划分空间比砌筑实体墙面更具灵活性，也便于居住者重新规划空间，从而使住宅具有持久的活力（图1-19）。

图1-18 照明与风扇一体的风扇灯

图1-19 灵活的隔断门划分空间

（4）智能化。智能家居是指利用物联网技术综合布线技术、网络通信技术、安全防范技术、自动控制技术、音视频技术等高科技技术，将住宅中各种设施连接起来，构建高效的家庭事务管理系统，从而提升日常生活的便利性、安全性、舒适性，并实现环保节能的居住环境。智能家居通常包含了家电控制、照明控制、移动终端远程控制、室内外遥控、防盗报警、环境监测、暖通控制及可编程定时控制等多种与日常生活息息相关的功能。

智能化是一种高度的自动化，目的在于使生活更加便捷。例如，回家前，人们可以通过手机、计算机提前打开家中空调，使人一进家门便可享受冬暖夏凉的舒适环境（图1-20）；进门前，智能系统自动开启家中的灯具，并拉上窗帘；卫生间的浴缸会自动放水并按照室温计算出最适宜沐浴的水温；厨房配有显示屏，便于在做饭时播放视频、音乐及检索菜谱等（图1-21）。

微课：智能家居改变生活

图1-20 手机远程控制家电

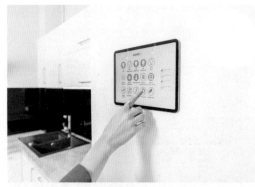
图1-21 厨房显示屏可查看菜谱

课堂互动

日常生活中，你接触过智能家居吗？听说过哪些有趣的智能家居系统？简单向同学们介绍一下。

1.2 项目接洽与勘测

必备知识

一、项目准备

在设计项目开始之前，首先应对设计项目进行明确的规划和充分的准备。

1. 设计目的

设计师应当明确设计的目的，知道自己要做什么，从而可以从功能需要、心理需要、审美需要等多个角度审视设计中面临的问题。

2. 项目来源

近年来，随着人们生活水平的日益提高，商品住宅的建设发展迅猛，住宅商品化已深入人心，人们对于自身居室空间环境的品质越来越重视，居室空间的设计装修不仅能显示出现代文明对生活环境的改变，也是衡量一个人或家庭生活水平的基本标准。对居室空间室内环境的塑造，可以提高生活质量，使人在良好的环境中享受有情趣的生活。因此，买房、装修已经成为人们关心的热点和焦点。

随着居室空间设计行业逐渐走向成熟，经济条件、社会风气、环境等因素成了影响项目顺利实施的首要制约因素。同时，人自身的局限也会影响项目的进行，这包括三个方面：一是居住者自身的文化修养和素质；二是设计师的专业能力，包括个人组织、协调能力等；三是施工技术上的优劣等。

居室空间设计的项目来源一般有两种。一种是专业设计公司依靠良好的设计专业水准，建立起市场效应，并由此开辟出的大众市场。这种类型的项目来源往往注重市场的规模效应，业务范围通常涉及全国甚至境外市场。另一种是由小型设计公司或工作室控制的小众市场。这种来源一般项目规模较小，相对于前一种来源来说，具有更大的灵活性。

3. 项目计划书

设计师必须对已知的任务在时间和内容上进行合理规划，从内容分析到工作计划，形成工作内容的总体框架。居室空间设计的项目实施程序由以下几个步骤组成：项目任务计划书的制订、项目设计内容的社会调研、项目概念设计与专业协调、方案确定与施工图设计、材料选择与施工监理。虽然居室空间设计绝大部分属于很简单的工程项目，但把整个项目理出一个清晰的工作思路是非常有必要的。项目一旦确立，作为居住者，对于如何选择设计方、施工方、监理方等都应有通盘的考虑。也就是说，对于上述几方的选择，居住者都会有相应的选择要求和衡量标准。事实上，对于实际项目来说，居住者的偏好将成为项目计划书内容的主导。同时，对于所要开展的工作及最终结果，居住者应有相关的规划，这种规划和想法落实到书面上，就是项目计划书。设计方是项目实施的先行者，所以项目计划书是项目最早期的文件之一。根据设计方的最初建议调整项目计划书的内容，如居住者有相对较成熟的想法，设计方应重视其想法。有些项目计划书可以按照控制单位造价来进行设计，也可以按照项目总投资来计划。在一些公开竞标的项目中，标书和设计要求充当了项目计划书的角色，这些文件的内容往往涵盖室内面积、预计总投资、单位面积预算、技术经济指标、主要设计内容、主要设计成果、时间进度等数据指标，设计师往往以此为依据展开项目设计工作。

4. 项目资料

收集大量的资料，并对资料进行归纳和整理，能够帮助设计师理清思路，使设计方案由模糊走向清晰。项目资料大致可分为两类：第一，建筑户型图等基本资料，帮助设计师了解居住建筑的客观情况（图 1-22）；第二，其他类似项目的设计成果，通过横向比较和调查，了解同类项目中已有的问题，并在此基础上建立起更加合理的设计思路。

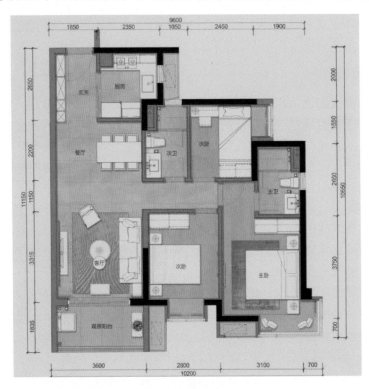

图 1-22　建筑户型图

知识链接

项目任务书模板如表 1-1 所示。

表 1-1　项目任务书模板

项目名称					
项目地点					
户　　型		建筑面积		文化程度	
业主职业		业主年龄		经济状况	

续表

宗教信仰		资金收入		兴趣爱好	
家庭成员					
周边环境					
风格倾向					
基本要求					
空间范围	玄关、客厅、餐厅、厨房、书房、主卧、次卧、主卫、客卫、衣帽间				
设计成果	（1）全套施工图 （2）效果图 （3）软装提案				

二、现场勘测

现场勘测是设计前期准备工作中十分重要的环节，它是设计的出发点和依据，所有的洽谈、灵感、方案设计、材料选择等都是以它为中心展开并为它服务的。因此，在接到项目后，第一步就是到现场进行勘查、测量，调研基地的相关信息。通过深入了解空间的内部结构和外部环境，设计师可以实地感受现场的环境和空间比例关系，为下一步的设计做好有针对性的准备工作。

1. 勘测前的准备

居室空间的生命力从某种角度来说就是人的认识的存在，缺少了人和人的生活行为，居室空间也就不会存在。勘测就是设计师和被设计对象之间的对话。无论是建筑内部，还是建筑外观，都应该作为设计师仔细调研、观察、揣摩的内容，居室空间对尺寸的准确性的要求非常高，应该在现场仔细核实图纸的尺寸。在测量时，应尽可能做到认真仔细，不忽视每个细小的尺寸，并且要了解周围环境，分析采光对空间的影响和空间流通的情况等，对现场空间的各种关系现状作详细记录。从环境角度来说，一些因素的存在会直接影响室内环境的设计，这些因素包括空气流通是否顺畅、日照是否充足、外环境是否有不符合法律规定的噪声或有毒、有害气体等。这些问题都应该在设计师的现场勘测中记录下来，以在设计过程中进行解决。

2. 勘测设备

简单设计有手持激光测距仪、钢卷尺（5m、10m均可）、速写本、速写笔、原有建筑平面图，另外准备照相机以记录现场空间关系、设备设施和周围环境（图1-23）。

3. 实地勘测

通过现场勘测，再次确认原有建筑的相关尺寸，比如套内面积大小，楼层标高、门、窗、墙身、柱、空调等的位置；原有水、电、煤气线路，电视、电话、供应设施的位置；原有的家具、设备摆放位置等，并通过手绘收集特殊、需要注意和改进的细部。除此之外，设计师还应对居室空间体量通过手绘或数码相机等方式进行记录，这对后续设计是很好的参

 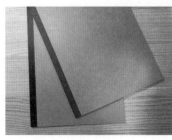 

图 1-23　勘测设备

照（图 1-24）。实地勘测具体做法如下。

（1）准备一把钢卷尺。

（2）准备速写本、铅笔和橡皮，以及原有建筑平面图。

（3）在速写本上将平面图绘制出来，以备记录使用。

（4）可由大门口开始，一个一个房间连续画过去。把全屋的平面画在同一张纸上，不要一个房间画一张。

（5）墙身的厚度要标示出，门、窗、柱等固定设备要全部画出。

（6）绘制好平面图后，使用钢卷尺沿着墙边的地面进行测量，每个房间按顺或逆时针方向进行测量，在图纸相应位置逐一进行记录。

（7）用同样办法测量立面，即门、窗、天花板等高度，并逐一记录下来。

（8）在平面图和立面图上标注原有水电设施位置，如开关、水龙头、煤气管的位置，电话及电视出线位置等。

图 1-24　现场勘测

思想提升

【知识点】设计师的职业操守

设计作为一个职业，不仅是人的造物行为，而且是一项潜移默化改变人们生活方式、改造社会的行为。对于设计师而言，设计一件作品不仅意味着一份经济收入，同时也意味着一份社会责任。设计师经常要面对个人利益与社会需求的博弈，面对金钱与良心的选择。对于身处设计公司的设计师，还要遵从企业的规章制度。所有这些，都涉及设计师

微课：职业操守——立足社会的基石

的职业操守。

【互动研讨】同学们认为设计师的操守包含了哪些内容？当今社会，设计师的职业操守被赋予了哪些新的内涵？

【总结分析】柳冠中先生说："别人把设计当成饭碗，而我把设计当成宗教。"如果每一位设计师都能达到这样的认知水平，职业操守将不再是一种外在约束，而变成一种内在需求，这是一种对设计伦理的虔诚恪守。

4. 信息记录

（1）实地勘测记录表。实地勘测记录表如表1-2所示。

表1-2　实地勘测记录表

项　目　名　称				设计号：
设　计　阶　段	□方案阶段	□深化阶段		勘测人员：
工　程　概　况	□主体结构　□项目类型　□建筑层数	□建筑面积　□毛坯房　□其他	□建筑高度　□装修房	
设　计　范　围				
勘　测　记　录				
需要解决的问题				
记　　录　　人				

（2）绘制草图。将测量数据和结果以平面草图的形式进行记录，要求尺寸必须按照实际标注。标注尺寸时，一般按照正面朝向物体进行标注，可以避免墙体双向尺寸出入所引起的误会；房屋高度、梁底高度、窗户高度以"mm（毫米）"为单位进行标注。注意标注指北针和设备，必要时可加立面图进行补充（图1-25）。

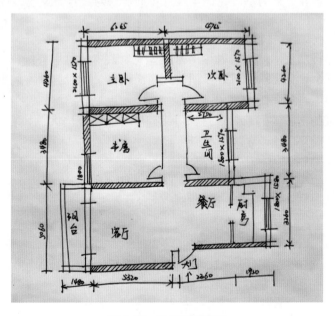

图 1-25　空间测绘草图

小贴士

红外测距仪的全称为"红外光电测距仪"，是一种用于测量空间尺寸的测量工具，操作简便、测距速度快、精度高，广泛应用于建筑规划、城市规划、工程测量等领域。使用红外测距仪时，测量者站在所要测量的空间的一端，将红外测距仪放在面前，按住锁定按钮锁定空间另一端的墙面，便能够得出自身与目标之间的精准距离。

课堂互动

通过互联网检索室内设计现场勘测中的新兴设备，将你的发现分享给全班同学。

三、业主信息调查

了解了居室空间的客观情况后，设计师应与业主进行初步沟通，了解业主的具体需求，将业主提供的各方面信息进行全面整理与分析。

1. 明确信息

明确信息即明确业主清晰表达的信息，如家庭成员、年龄、性格、爱好等。这些信息一般在与业主的初次沟通后就能得到，可以帮助设计师进行整体空间的划分，确定设计风格。

2. 隐含信息

隐含信息即业主间接表达出来的信息，如生活习惯、经济条件、工作、信仰、文化底蕴等。这类信息业主一般不会直接进行表述，需要设计师根据生活经验和专业来判断。读取出较多的隐含信息并以之为基础付诸实践，可使客户对设计方案有较高的满意度。

3. 期望信息

业主一般不会将期望信息明确表达出来，如花费要少、效果要好，能在满足其基本要求的基础上满足其个性化需求，设置专门的儿童游戏区、父母与子女的书房，在闲置角落设计一个储物空间等。

完成了与业主的初步沟通后，设计师可以建立业主情况档案，如表 1-3 所示，记录业主的行为习惯，从而拿出让业主满意的设计成果，真正做到"以人为本"。

表 1-3　业主情况档案

姓名	职业	年龄	家庭人口	收入	生活方式	兴趣爱好	文化背景	具体使用需求	其他

设计小技巧 ✏️

在意向调查中，设计师通常会遇到两类业主。

第一类业主相对理性，有装修经验，已对居室的结构进行了初步规划，设计师的工作是从专业角度判断业主的规划是否合理，并在此基础上进行优化。例如，设计师可以让业主提供一些参考图片，根据图片把握设计方向，调整业主喜好但与整体设计方向存在偏差的小细节，成为设计项目的引导者。

拓展阅读

第二类业主相对感性，他们的需求是抽象的形容，如"温馨""豪华""大气"等，设计师很难从此类描述中找到突破口，在这种情况下，设计师可通过"管中窥豹，可见一斑"的方式进行试探，推敲出业主想要的设计风格。最重要的线索来源是家具与陈设，设计师可以带业主前往家具展示间考察家具样式，根据业主的反馈作出判断。这是因为，对于没有经验的业主来说，家具是接触最频繁、最熟悉的设计要素，能够充分反映出业主的生活方式和喜爱的风格，从而帮助设计师建立起明确的设计方向。

四、设计委托及合同签订

设计师与业主经过洽谈与实地勘测，若是有一定的合作意向，一般会以《设计委托合同书》的形式确定下来。合同书对业主与设计方都有一定的约束力。

1.3 居室空间中的人体工程学

📖 必备知识

人性化设计理念日益成为设计部门的工作重点，使人体工程学这一学科在居室设计中的应用越来越广泛，其主要作用表现在以下四个方面：第一，人体工程学能够从人体尺度、动作域及人际交往的空间等方面确定居室空间的空间范围；第二，人体工程学的有关计测数据也是确定家具、设施尺寸及使用范围的依据；第三，人体工程学能够为居室空间设计提供人体适宜的物理环境参数，如热环境、声环境、光环境等；第四，人体工程学能够通过计测数据为居室空间的光照、色彩、视觉最佳区域等提供科学的依据。以客厅为例，需要注意以下问题：沙发、茶几与电视机的距离；人流通道的距离；坐在沙发上的人看电视的角度与距离；墙面上的壁饰与坐姿、立姿人的视域关系；客厅饰柜中的陈列与人的视觉等问题。

一、人体尺度

人体尺度即人体在室内完成各种动作时的活动范围。设计人员要根据人体尺度来确定门的高宽度、踏步的高宽度、窗台阳台的高度、家具的尺寸及间距、楼梯平台、室内净高等室内尺寸。

1. 人体基本尺度

人体基本尺度是人体工程学研究的最基本的数据之一。它主要以人体构造的基本尺寸（又称为人体结构尺寸，主要是指人体的静态尺寸，如身高、坐高、肩宽、臀宽、手臂长度等）为依据，通过研究人体对环境中各种物理、化学因素的反应和适应力，分析环境因素对生理、心理及工作效率的影响程度，确定人在生活、生产和活动中所处的各种环境的舒适范围和安全限度所进行的系统数据比较与分析结果的反映。

2. 人体基本动作尺度

人体基本动作的尺度是人体处于运动时的动态尺寸，因其是处于动态中的测量，在此之前，我们可先对人体的基本动作趋势加以分析。人的工作姿势按工作性质和活动规律，可分为站立姿势、座椅姿势、平坐姿势和躺卧姿势。

座椅姿势：倚靠、高坐、矮坐、工作姿势、稍息姿势、休息姿势等。

平坐姿势：盘腿坐、蹲、单腿跪立、双膝跪立、直跪坐、爬行、跪端坐等。

躺卧姿势：俯伏撑卧、侧撑卧、仰卧等。

二、居室空间尺寸

1. 客厅

客厅是居住者日常的主要活动场所，沙发和茶几通常是客厅的必备家具。此外，为了满足展示和储物功能，也可安排橱柜等收纳类家具（图1-26）。

2. 餐厅

餐厅中的主要家具为餐桌及座椅，且需要按照居住者的总数进行规划。餐桌的参考尺寸应是人员面对面坐着不会踢到脚，且桌面不能太低，否则长时间坐于此处会导致腰部不适。但是在餐厅，人不只是坐在椅子上用餐，还会因为某些事情来回走动，比如端菜、盛饭、敬酒等动作，在餐桌周边，一定要多预留一些活动的空间（图1-27）。

3. 厨房

厨房中分布着大量的厨具、灶具、管道、家用电器等设备，如果安排不当，将会影响居住者的活动空间，造成行动不便。除此之外，厨房中还要考虑家具的移动，例如，应留出打开冰箱门的空间等（图1-28）。

4. 卧室

卧室中应包含睡眠区、储藏区、梳妆区等区域。在空间充足的情况下，还可划分出小型储物间。卧室的主角——"床"，除了外观风格统一之外，尺寸要根据实际情况进行选择。选择床的尺度一个重要依据是卧室的面积，床不能超过卧室总面积的1/2，最理想的搭配是床的面积不超过1/3（图1-29）。

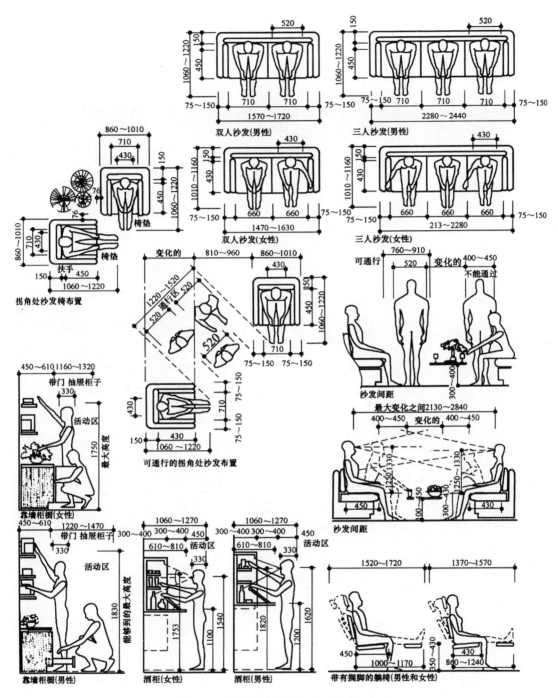

图 1-26　客厅活动空间尺寸（单位：mm）

5. 卫生间

卫生间中的主要设备有盥洗台、坐便器、淋浴、浴缸等，具体的设计尺寸如图 1-30 所示。

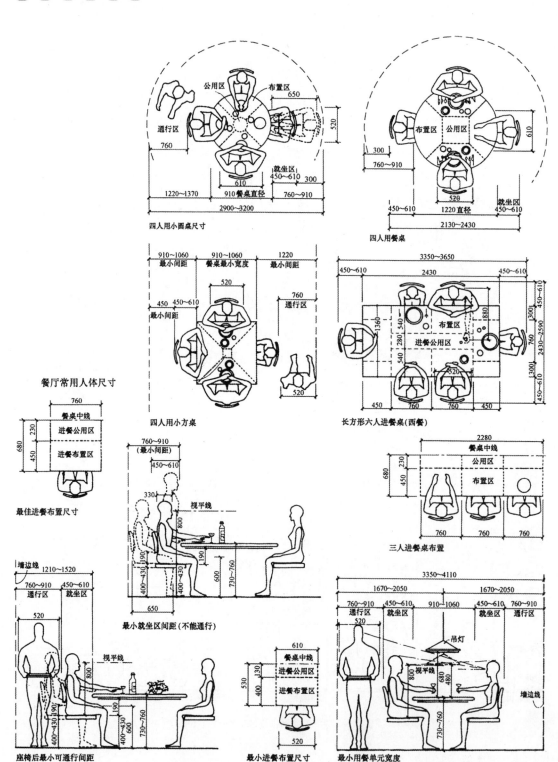

图1-27 餐厅活动空间尺寸（单位：mm）

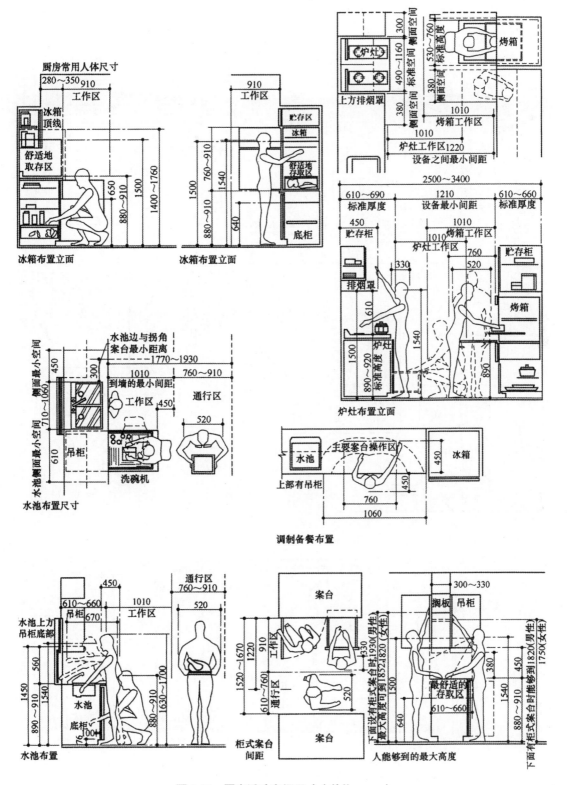

图 1-28　厨房活动空间尺寸（单位：mm）

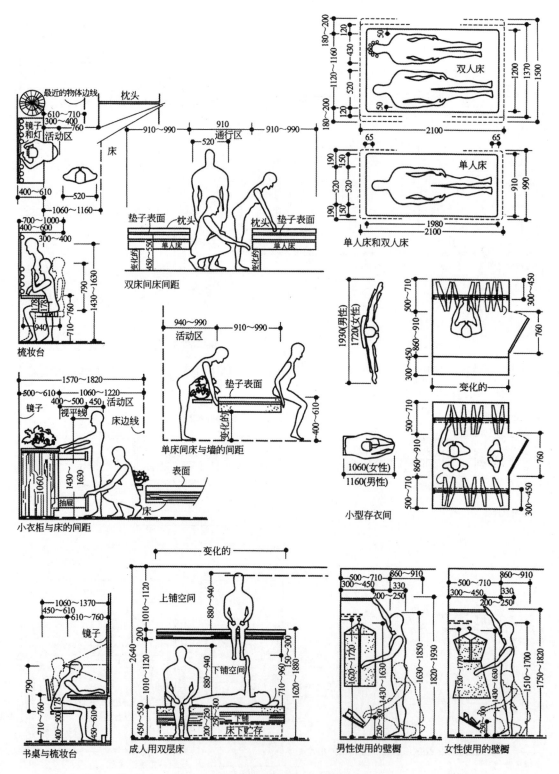

图 1-29　卧室活动空间尺寸（单位：mm）

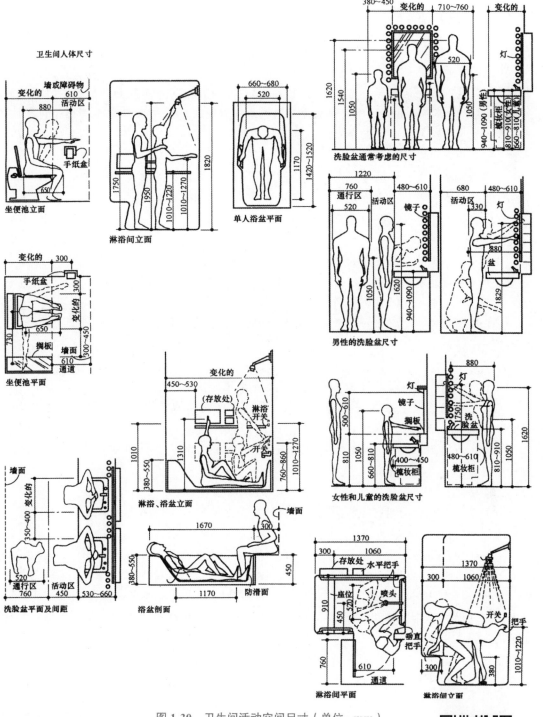

图 1-30 卫生间活动空间尺寸（单位：mm）

课堂互动

在平时生活与学习中，还有哪些地方用到了人体工程学？

微课：人体工学尺寸大全

知识链接 🔗

居室空间中的无障碍设计

居室无障碍设计是一种空间规划手段，即从不方便行动人群的生活轨迹出发，从每一个细节关爱他们的生活起居，消除人为阻碍行动的障碍，如居室中较高的门槛、暗淡的灯光、易滑的地砖等，从而令每个人独立生活的愿望成为现实。值得强调的是，"无障碍设计"不仅仅是为了残障人士，对老年人和孩童同样适用。

一、老年人

对于高龄者来说，若家中使用无障碍设计，一方面可预防健康长者跌倒的风险，另一方面可让失能的长者有安全的无障碍居家环境。以下将介绍无障碍设计在家中最容易跌倒地方的运用，分别为以下三项。

1. 卧室

（1）门的净宽度应保证在85cm以上，并且门槛的位置没有高低差。

（2）开关应处于黑暗中可随手找到的位置，且根据居住者身高及是否使用轮椅而确定开关高度。建议增加夜间脚边照明。

（3）床面的高度距离地面55cm，避免过高或者过低，在床头位置可增加折叠扶手，以便上下床。

2. 浴室

（1）在马桶、淋浴及浴缸旁需要装设固定在墙面的扶手。

（2）卫生间的照明亮度需要适度增强，并且具有明暗的对比度，以便区分物体远近高低。

（3）在马桶的周边应该保证至少150cm×150cm的空间，在马桶的一侧保证75cm以上的净空间，方便轮椅进出。

3. 楼梯间

（1）若户型较大，拥有楼梯间，应该保证在此区域有良好的采光或者照明设计，在上下楼的位置应都设置照明开关。

（2）楼梯两侧应该装有连续且不中断的楼梯扶手，并装设防滑条。

二、残障人士

对于残障人士来讲，适合他们自身需求的针对性设计尤其重要，比如家具高度的设计、灯光辅助的设计、智能电器辅助设计都能让他们有更好的居住体验，帮助他们更好地生活。

优选活动家具，避免造型复杂的沙发，以防碰撞及挤占活动空间。床应两面上下，并设有扶手，床和沙发最好稍硬，便于直立。尽可能采用智能设备，包括可视门铃、红外报警等。为方便听力障碍者，也可将室内灯光与门铃相连，当有客人来访时，主人可通过灯光辨别。

设计小技巧 🖌

在居室空间设计中，设计者除了要掌握人体的基本尺寸，还应该满足

拓展阅读

居住者心理上的需求。第一，光环境、色彩环境和声音环境都会影响人的心理和生理健康；第二，不同材质的物体给人的心理感受也会有所不同；第三，不同的界面高度和围合方式也给人不同的心理感受。

思想提升

【知识点】人体工程学实践应用

人体工程学是一门多学科交叉的学科，研究的核心问题是不同的作业中人、机器及环境三者间的协调问题。人体工程学揭示了物质存在的形态以及变化规律，从而更加全面、准确地认识物质世界。通过前文的讲解，同学们应该学会科学的学科研究范式，培养实事求是的工作态度，并且要有设计师的责任心和职业操守。同时开展老年人身体和心理的调查，从实践中学会尊老爱幼，做对社会、环境有意义的工作，为实现人民美好生活而奋斗。

微课：人体工程学与居室空间设计

【互动研讨】通过实践，请同学们观察生活中的产品、设施，分别找出3~5个合理及不合理的设计，运用人体工程学的原理对其进行分析，并阐明理由。

【总结分析】设计人员的社会责任感与使命感、诚实工作、遵守承诺，坚守道德和法律的底线，做到科学、公平、公正。

项目小结

本项目重点讲述居室空间设计的基本概念，介绍居室空间设计前期的项目接洽勘测及人体工程学，使学生对理论知识的认知贯穿到整门课程中。

1. 案例导入、问题导入

（1）让学生观看某家庭的装修竣工图片，分析方案装修的目的与意义，分析方案设计的风格，从而引入课程的目的和作用，激发学生的学习兴趣。

（2）在设计的准备阶段，信息的收集通常使用哪些方法？

2. 练习题

（1）以小组为单位，搜集课本中没有提到过的居室空间设计风格、流派，并以小组讨论的形式探讨居室空间设计的发展潮流与趋势，讨论结束后推选一位小组长向全班同学介绍本组的讨论成果。

（2）对宿舍的空间和家具进行详细的测量，结合所学知识判断空间及家具尺寸是否符合人体工程学的要求，如不符合，请尝试提出改进方案。

3. 项目实施与评估

根据项目内容安排，评价学生的现场勘测能力，改正错误之处并示范正确的方法；采用模拟形式让学生角色互换，互相评价。

 居室空间设计（微课版）

4. 项目规范及制作方式

由于设计的过程是一系列的创作及表现活动，本项目内容只要求学生掌握项目前期准备事项，项目其他内容根据本课程教学进度设定。

5. 职业技能等级考核指导

"1+X"室内设计职业技能等级证书（中级）理论知识考核。

（1）室内设计基础知识（室内设计风格和流派、室内设计的原则方法与程序、房屋测量的基本知识）20%。

（2）人体工程学基础知识 20%。

📝 项目描述

在具体实践中，设计表达是整体项目设计中一个十分重要的环节，包含了概念设计、方案设计、深化设计、施工图绘制与审核几个步骤。了解并掌握设计表达的重要方法，能够帮助设计师更好地把握设计图纸与施工之间的关系，从而推进项目的顺利进行。

知识目标	（1）了解居室空间组织与动线设计要点 （2）掌握居室各空间设计的方法 （3）掌握界面造型的基础知识 （4）掌握色彩、材质的运用知识 （5）掌握照明的设计知识
能力目标	（1）能根据空间的使用功能，分析、组织、计划空间 （2）能根据空间的使用功能，进行合理的系统设计 （3）能合理地进行平面空间布置并绘制平面布置图 （4）能运用形式美法则合理组织室内界面造型设计并完成立面、天花、地面图绘制 （5）能进行合理的材料选配与色调搭配 （6）能根据平、立面图，完成效果图制作并提供完整的项目设计方案
素质目标	（1）培养学生精益求精的工匠精神 （2）培养学生团结协作的团队精神 （3）提高学生诚实守信的职业操守
工作内容	（1）仔细阅读"项目任务书"，了解项目的总任务、设计要求 （2）完成方案的初步设计及深入规划 （3）完成方案的各类型图纸绘制 （4）汇报演示文稿编写与方案提交
工作流程	初步设计定位→认知空间→创意思维训练→平面空间组织与表达→平面布置图绘制→界面设计→立面、地面与天花图绘制→效果图表现→课程报告书编写→汇报
岗课赛证融通	1. 室内设计师岗位技能要求 （1）能以功能为依据对平面布局进行合理划分 （2）能正确表现设计意图 （3）能根据设计要求选用装饰材料

续表

岗课
赛证
融通
	（4）能根据室内设计的整体氛围合理搭配色彩
	（5）能将灯具形式和颜色与室内整体设计协调统一
	（6）能识读与设计常见装饰界面、构件图纸
	➤ 对接方式：
	  居室各空间设计的方法、界面造型、色彩材质的运用、照明的设计
	2."1+X"室内设计职业技能等级标准（中级）
	（1）了解方案设计知识
	（2）掌握方案设计成果排版和汇编知识
	（3）掌握施工图制图规范相关知识
	（4）了解施工图审核知识
	（5）有看图识图、图纸深化的能力
	➤ 对接方式：
	  施工图纸绘制、项目设计方案汇编
	3.环境艺术设计赛项模块
	效果图、方案图、施工图绘制
	➤ 对接方式：
	  施工图纸绘制

评价 标准	（1）项目任务解读能力 20% （2）空间分区及布置合理性 30% （3）界面造型设计创新性 20% （4）图纸呈现效果 30%

💻 思维导图

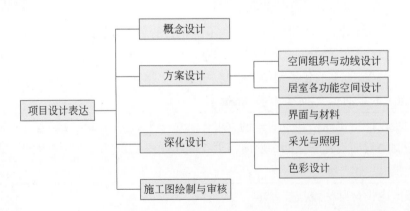

案例导入

对居室空间而言，什么样的设计，能被称为好的设计呢？其实答案一直在变化。

好的设计,包容居住者的情绪。四方食事,不过一碗人间烟火。设计,让生活回归本味。

📄 案例分析

项目原始结构为四房两厅两卫的空间格局(图2-1),单从人屋配比上来讲,是很宽敞的。但实际上客厅的开间和房子的面积相比,却显得略微小气了,而且整个空间里也没有亲子互动的专属场域。所以最终确立了从空间结构入手,将原始的东面卧室打掉与客厅连通,改造成一个开放的共享式书房,拓展尺度,重塑空间,打造简明舒适的栖居环境。空间连通后,通过半隔断形态进行再分区,并重合了电视背景墙功能与收纳功能,一体两面,一举两得。以左、上、右镂空的纵深感,消弭了原始客厅的拥挤感,实现视觉与动线上的扩张。

图 2-1 和合之居

2.1 概念设计

📖 必备知识

一、业主需求分析

探究业主的真实需求,要关注到不同业主对于需求的差异。通常,业主的需求会随着其所处社会、生活状态的不同而发生相应的变化。特别是对批量成品住宅的室内设计来说,提早投入设计和施工的不再是一套住房,而很可能是一次性投入上百套甚至几千套住宅产品的设计与施工,仅仅是资金成本往往就要数以亿计。正所谓"土木工程不可妄动",一旦装修设计格调、功能的设定与大业主的实际需求状态不符,产生的负面影响将被千万倍放大。以下是对我国中心城市 22~29 岁青年人群住房需求的分析,主要包括生活方式、消费态度、行为模式等方面,这些方面与他们的居住行为有着密切的联系。

1. 居家族空间需求情况分析

居家族不太希望把外人请到家里,也不愿意花钱在房屋的彰显和情趣设计上,他们看重的是房屋的使用价值和实用性(表2-1)。

表 2-1　居家族的房屋使用需求

公共空间泛化	范　围	客厅的装修
	功　能	客厅是传统意义上的接待客人、家人交流和娱乐的空间
可　变　性		需求程度高
		重点考虑父母和将来的婴儿房，这是居室的决定因素
均　质　化		均质化程度高，各个空间装修达到基本功能即可

居家型居室空间设计要点：理性、务实，强调实用，物有所值，获得可以计算的利益，生活习惯偏传统（表 2-2）。

关键词 1：可供未来使用的第二间房。

关键词 2：家庭集中收纳、小型家政空间。

关键词 3：经常使用的餐厨空间。

表 2-2　居家族期望的空间设计及其配置

功能空间	重要性	客户期望	选用配置
玄关	★★	分隔户内外空间，有鞋柜为佳	设置独立玄关，预留放置鞋柜空间
公共走道	★★	用于放置家庭集中收纳	控制套内面积，不设置居中走廊与收纳，使用房间独立收纳
客厅/餐厅	★★	客厅用于日常家庭活动，餐厅可满足4~6人进餐	客厅与餐厅空间结合，解决临时用餐人数增多问题
主卧	★★★	有足够的收纳空间，考虑未来儿童出生后的短暂使用	12.5m² 主卧，4m 进深，预留足够收纳与婴儿床放置的空间，凸窗上补充独立收纳
次卧/书房	★★★	考虑未来的使用功能，若能同时解决为佳	均分次卧/书房空间，不追求单一房间使用面积，利用推拉门解决另一个房间未来利用问题
卫生间	★★★	必须采光，考虑较长的使用周期，应有足够的收纳空间，干湿分离为佳	控制面积，放弃干湿分离，在盥洗区利用镜箱、盆下柜提供收纳
厨房	★★	流线合理，与餐厅联系紧密为佳	L 形厨房布置，保证厨房使用
阳台	★★	承担家政空间功能，可封闭为佳	预留洗衣机位、拖把池和储藏空间，设计上考虑方便客户自行封闭
露台	★	考虑承担一定家政功能	控制单体形态，不予设置
储藏室	★★★	放置家庭物品	控制面积，不独立设置

2. 享受族空间需求情况分析

享受族特别注重自己的生活空间，他们很少会把外人请到家里。房屋是他们最大限度享受生活的场所，他们不关注房屋的实用性，充满情趣的房屋设计对他们有较大的吸引力（表 2-3）。

表 2-3　享受族的房屋使用需求

公共空间泛化	范围	无明显倾向
	功能	没有实际意义的公共空间，传统的公共空间——客厅也应该是满足大家交流、兴趣爱好、休闲娱乐的地方

续表

可 变 性	需求程度一般	
	次卧比书房的功能更重要，会考虑父母与未来儿童的房间，但该空间不是房屋决定性因素	
均 质 化	均质化程度低，各享乐空间有独特需求	

享受型居室空间设计要点（表 2-4）如下。

关键词 1：混合公共空间。

关键词 2：大主卧。

关键词 3：半间房。

表 2-4　享受族期望的空间设计及其配置

功能空间	重要性	客户期望	选用配置
玄关	★★	分隔户内外空间，有展示空间为佳	设置玄关，玄关墙可改造为展示空间
公共走道	★★	用于分隔自用空间与公共区域	结合户型设置，分隔自用与公共区域
客厅/餐厅	★★	客厅用于日常家庭活动，餐厅可满足两三人进餐，公共空间可混合	客厅设计与餐厅空间结合，将公共区域相对集中，与自用区域分离
主卧	★★★	结合衣帽区、卫生间（还需服务公共区域）、书房为佳，最好设置 3~4m² 的休憩空间	近 14m² 主卧，预留设置衣帽区空间，方正的主卧可以方便客户的多样使用需求
书房	★★★	目前考虑作为书房，未来考虑作为婴儿房，应该是一个醒目的"套间式"空间，也可以作为临时的留客宿处	书房设置面积为 6m² 左右，在公共走道上设置一道门，需要时可与主卧形成套房式的户内空间
卫生间	★★★	必须采光，强调其享受度和舒适感，有浴缸为佳	四件套卫生间，同时配置浴缸与淋浴房，南向设计保证使用舒适度
厨房	★★	流线合理，与餐厅非刚性分隔为佳	厨房预留非刚性分隔部分，可与客厅、餐厅形成组合的混合空间
阳台	★★	与客厅关系良好，可以形成混合空间，以能摆放桌椅为佳	可与客厅形成一个整体混合空间，阳台净宽为 1400mm 以上，可摆放小型休闲桌椅
露台	★★★	作为户外休闲空间	控制单体形态，不予设置
储藏室	★★	放置家庭物品	控制面积，不独立设置

在明确了解业主需求内容之后，接下来就是将各方面需求融入设计中。根据需求，进行资料收集与分析，用可视化的语言清晰地表现出来，形成设计元素，满足设计需要。

小贴士

居室空间设计项目的成功，一半在于合理的设计与严格的执行，另一半则在于良好的沟通，装修中常常会出现业主内部意见存在分歧的情形。此时，设计师应成为项目的引导者，明确谁是能够作出最后决定的人，并协调好家庭成员的关系，从而获得业主的信任，确立专业威信，推动后续工作的顺利进行。

二、头脑风暴

结合项目的特点，发散思维，寻找相关的关键词，我们称为"开脑洞"。在进行头脑风暴时，设计师尽量不考虑实用性、重要性、可行性等诸如此类的因素，只需要在短时间内输出尽可能多的想法（十分钟内四五十个想法不算多）。这样可以确保最后能产出大量不可预计的新创意，鼓励"随心所欲""内容越广越好"，有的时候一些"离谱"的想法说不定会激发出一些设计灵感（图 2-2）。

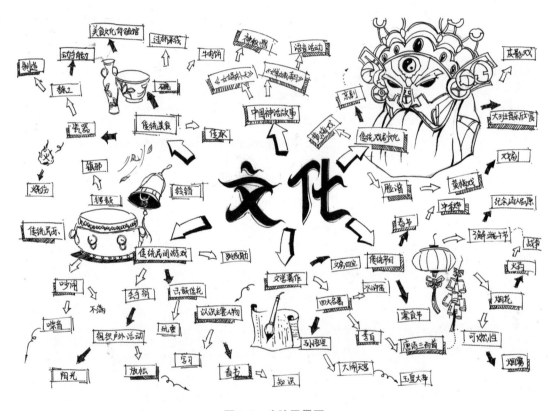

图 2-2　头脑风暴图

课堂互动

你还能头脑风暴出哪些内容？与全班同学分享一下。

三、设计意向

设计师收集了业主的需求和生活方式的信息，有了关键词后，就可以从中挑选与项目结合紧密、适合图像化的几个关键词，并围绕它们搜集意向图。意向图是通过图片等传媒来推导出空间的风格、元素、色彩、肌理、样式，说明设计理念、风格和设计方向性的方式，能直观、生动地表达设计意图。这就是一个设计过程：从抽象的灵感到具象的构建。

设计小技巧 🖌

　　功能性确实很重要，但是设计如果仅停留在"方便、便宜、结实"的层面上也很偏激。只有在重视"表现个性美"的前提下表现美感，才能设计出完整的作品。从广义上说，色彩、形式、材质也有功能性，但是，如何更好地利用这些特点，就成了创造。在生活空间中，非常夸张的表现其实很少，非常用心的细节处理才是大众所需要的。

1. 风格定位

风格定位如图 2-3 所示。

图 2-3　风格定位图

2. 材质色彩定位

材质色彩定位如图 2-4 所示。

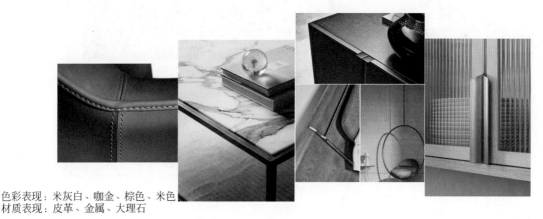

色彩表现：米灰白、咖金、棕色、米色
材质表现：皮革、金属、大理石

图 2-4　材质色彩定位图

3. 平面布置图

平面布置图如图 2-5 所示。

4. 实景照片

实景照片如图 2-6 所示。

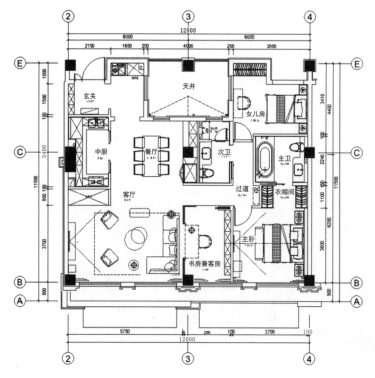

图 2-5　平面布置图

图 2-6　主要空间实景照片

知识链接 🔗

洄 游 动 线

　　动线是建筑与室内设计的用语之一，意指人在室内、室外移动的点连起来形成的线，也可以理解为人们在家里活动的轨迹。合理的动线布局，能提高家庭生活品质，能让家务事半功倍。洄游动线就是利用环形回路，对空间进行串联，减少空间死角，使空间变得更加连贯，而且富有层次感。

四、提取概念元素

将意向图中的各种元素进行筛选，得到最终可应用的创意、概念、符号、色彩、材料等概念元素，再通过元素分析，利用分解、重构、联想等方法进行二次提取。提取的概念元素，有些可以直接运用到设计中（图2-7）；有些可以通过三大构成的手法，从概念元素中分解出符号再进行演绎，最终运用到设计中（图2-8）；也可以通过形、色、质的组合提取方法，形成最终的设计成果（图2-9）。

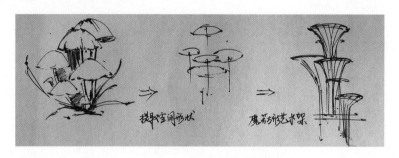

微课：创新创意——
室内设计的核心

图2-7 概念元素直接运用

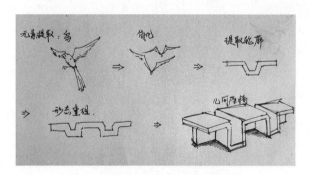

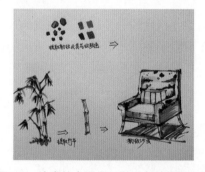

图2-8 通过三大构成演变再运用　　　　图2-9 沙发综合运用了形和色的提取方法

思想提升

【知识点】创新创意是居室设计的重要核心内容

《国家中长期教育改革和发展规划纲要（2010—2020年）》指出，要创新人才培养模式，"适应国家和社会发展需要，遵循教育规律和人才成长规律，深化教育教学改革，创新教育教学方法，探索多种培养方式，形成各类人才辈出、拔尖创新人才不断涌现的局面"。创新成为引领发展的第一动力，科技创新和教学模式创新相结合，推动经济社会的持续健康发展。我国的室内设计既要结合国情，又必须具有鲜明时代感，开拓新思路、发掘新的艺术表现形式，寻找新题材，才能立于不败之地。

【互动研讨】居室空间的创意设计主要通过哪些方面表现出来？在项目概念设计环节，需要如何思考和训练，才能有良好的创意？

【总结分析】合理运用室内空间、选取材料、运用光照。

2.2 方案设计

📖 必备知识

2.2.1 空间组织与动线设计

一、空间功能需求分析与确定

完成了概念设计之后，设计师再次与业主沟通，将业主对功能空间的具体需求进行归纳整理，一一罗列，并分析业主对各种功能空间需求的强烈程度，如必须具备、期望具备等，然后根据空间的原始结构进行合理规划布置，尽可能地满足业主的需求。

二、空间功能分区

居室空间的户内功能是居住者生活需求的基本反映，分区要根据其生活习惯进行合理的组织，把性质和使用要求一致的功能空间组合在一起，避免其他性质的功能空间相互干扰。但由于空间平面受到原有结构的影响，功能分区也只是相对的，会有重叠的情况，如烹饪和就餐、起居和就餐，设计时可以灵活处理。

1. 居室空间的功能构成

居室空间的功能构成基于家庭活动的行为模式，也与各居住成员的具体要求有关。总的来说，居室空间的基本功能分为几个大类：起居会客、烹饪就餐、睡眠休息、盥洗如厕、休闲娱乐、收纳家务等（图 2-10）。

图 2-10 居室空间基本功能

（1）起居会客：起居会客的主要场所是客厅，是由座位、茶几等巧妙围合而成的场所，通常位于客厅的中心地带。

（2）烹饪就餐：厨房和餐厅是烹饪就餐的活动空间，餐厅应和厨房相邻，这样可节约食品供应的时间，以及缩短进餐的交通路线。

（3）睡眠休息：睡眠需要保证舒适性和私密性，因而卧室是承载这一功能的主体空间。同时，客厅和书房也会承接一部分的休息功能。

（4）盥洗如厕：盥洗如厕功能在卫浴间中实现，其中功能设备大致分为三类，即洗脸设备、便器设备、淋浴设备。

（5）休闲娱乐：承载休闲娱乐功能的场所常见的有客厅、娱乐室，有的设计也会将娱乐空间打散到各个空间中。

（6）收纳家务：收纳家务功能涉及的空间范围较广，动线较为复杂，且由于物质生活的丰富，收纳功能必须具有一定的灵活性。

2. 居室空间的功能分区分类

（1）按空间的使用性质分类（图2-11）。

① 社交空间：客厅、餐厅、书房。

② 烹饪就餐空间：厨房、餐厅。

③ 休憩空间：卧室。

④ 盥洗空间：卫浴间。

⑤ 休闲空间：书房、家庭影音室、阳台、花园等。

⑥ 收纳家务空间：衣帽间、储藏室、阳台等，以及各空间的收纳装置。

图 2-11 按空间的使用性质分类

（2）按人活动的私密程度分类（图2-12）。

① 公共活动空间：家庭活动包括聚餐、接待、会客、游戏、视听等内容，这些活动空间总称为公共空间，一般包括玄关、客厅、餐厅。

② 私密性空间：私密性空间是家庭成员进行私密行为的功能空间，其作用是保持亲近

的同时又保证了单独的自主空间，从而减小了居住者的心理压力。该空间主要包括卧室、书房、卫浴间等。

③介于公共与私密性空间之间：这部分空间性质较为模糊，主要包括书房、多功能房等。

④交通空间：这部分空间主要提供行动或者过渡空间的地方，一般为玄关、走道、楼梯等。

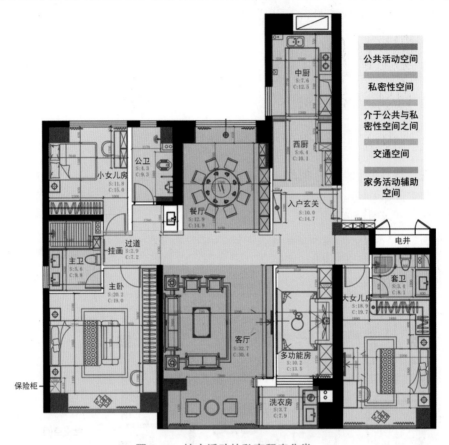

图 2-12　按人活动的私密程度分类

⑤家务活动辅助空间：家务活动包括清洗、烹调、养殖等，人们会在这个功能空间内进行大量的劳动，因而在设计时应该把每一个活动区域都布置一个合理的位置，使得动线合理，该空间主要包括厨房、卫生间等。

3. 居室空间布局分隔方式

由于不同功能的划分产生了居室空间布局，而布局的分隔方式很多，一般有绝对分隔、局部分隔、弹性分隔、虚拟分隔这四种。

（1）绝对分隔。绝对分隔是用实体界面对空间进行限定性的划分，这种方法通常使用墙体来实现。绝对分隔时的布局具有绝对的界限，封闭性较强，因而有私密性强、隔声效果好、性能稳定、抗干扰能力强的优点。与此同时，其空间的流动性就较差。

（2）局部分隔。局部分隔的界面具有不完整性，其表现形式是片段的、局部的。局部分隔常见的形式是由不到顶的隔墙、隔断、屏风、高家具来划分。局部分隔的空间限定性较低，因而隔声性、私密性都会在一定程度上受到影响，但可以丰富空间的表现形式，使得布局划分的方式更具有趣味性（图2-13）。

（3）弹性分隔。弹性分隔是可以根据要求随时启动和关闭的形式，这种分隔方式可以快速改变空间的大小。常用的方法是以推拉隔断、可升降的活动隔帘、幕帘、屏风、家具及陈设等进行分隔，机动性较强，方式较为灵活。

（4）虚拟分隔。虚拟分隔是一种低限度的设计，在界面表现上的划分形式较为模糊，一般是通过"视觉完整性"这一心理效应实现心理上的划分，因而这是一种不完整的、虚拟的区分形式。这种方式的实现手法可以是高差、色彩、材质、灯光、气味，也可以是栏杆、垂吊物、水体、花罩、绿地、陈设等，做法简单，可以创造出丰富的空间（图2-14）。

图2-13 墙体实现绝对分隔，木隔断实现局部分隔

图2-14 书房的玻璃隔断实现了弹性分隔，与客餐厅的虚拟分隔丰富了空间形式

三、居室空间的动线分析

1. 居室空间的动线的含义

居室空间的动线是指人们在居室中的活动线路，它根据人的行为习惯和生活方式把空间组织起来。居室空间的动线会直接影响居住者的生活方式，合理的动线设计符合日常的生活习惯，可以让进到房间的人在移动时感到舒服，并且动线应尽可能简洁，从一点到另一点要避免费时低效的活动。通常不合理的动线会很长、很绕，往往需要原路返回或交叉，不仅浪费空间，还会影响其他家庭成员的活动。

2. 居室空间的动线划分

居室空间的动线可以分为主动线和次动线，主动线是所有的功能区的行走路线，比如从客厅到厨房、从大门到客厅、从客厅到卧室，也就是在房子里常走的路线；而次动线则是在各功能区内部活动的路线，比如在厨房内部、在卧室内部、在书房内部等。一般主动线包括家务动线、居住动线、访客动线，代表着不同角色的家庭成员在同一空间不同时间下的行动路线，也是居室空间的主要设计对象（图2-15）。

（1）家务动线。家务动线是在家务劳动中形成的移动路线，一般包括做饭、洗晒衣物和打扫，涉及的空间主要集中在厨房、卫浴间和生活阳台。家务动线在三条动线中用得最多，也最烦琐，一定要注意顺序的合理安排，设计要尽量简洁，否则会让家务劳动的过程变得更辛苦（图2-16）。

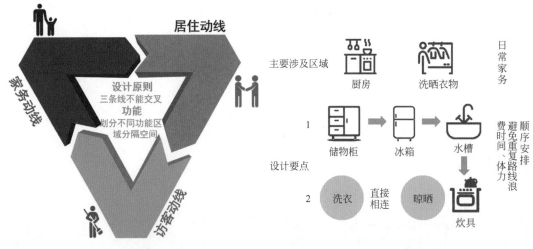

图 2-15　居室空间动线　　　　　　　　　　　图 2-16　家务动线

（2）居住动线。居住动线就是家庭成员日常移动的路线，主要涉及书房、衣帽间、卧室、卫浴间等，要尽量便利、私密。即使家里有客人，家庭成员也能很自在地在自己的空间活动。大多数户型的阳台需要通过客厅到达，家庭成员在家时也会时常出入客厅，访客来访同样会在客厅形成动线，因此，不要把客厅放在房子的居住动线轨迹上（图2-17）。

微课：居室空间功　　　　拓展阅读
能布局与动线分析

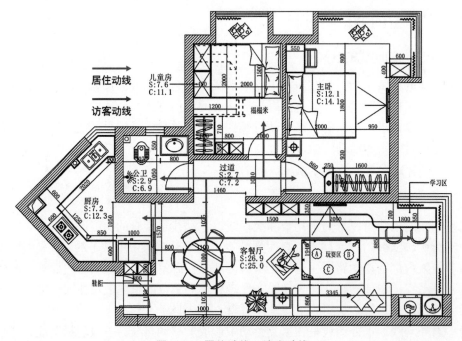

图 2-17　居住动线、访客动线

（3）访客动线。访客动线就是客人的活动路线，主要涉及门厅、客厅、餐厅、公共卫浴间等区域，要尽量避免与家庭成员的休息空间相交，以免影响他人工作或休息。

小贴士

目前，大多数的动线设计把起居室和客厅结合在一起，但这种形式也有缺点，即如果来访者只是家庭中某个成员的客人，那么偌大的客厅就只属于这两个人，其他家人就得回避，会影响其他家庭成员正常的活动。因此，可在客厅空间允许范围内划分出单独会客室。

2.2.2 居室各功能空间设计

一、玄关

根据心理学家的研究结果，第一印象会产生在初见事物的 7 秒内。对于居室空间而言，玄关是进入空间的第一场所，是体现主人品位和家居风格的第一体现空间，更是统领整个居室空间的"咽喉要地"，因此，玄关布置得好坏关乎居室设计的质量。

1. 玄关的功能

（1）保持私密。东方传统建筑设计讲究"藏"，即室内和室外之间不能直接连通，室内应保持一定的私密性。居室空间中的玄关作为入户大门与客厅之间的屏障，便承担了将室内空间"藏"起来的任务，同时还起到减缓气流、降低噪声、防污防尘等作用。

（2）储藏物品。玄关位于居室入口处，是室内、室外的"中转站"，应具有一定的储物功能，如摆放鞋子，悬挂外套、围巾，以及放置出门所需的雨伞、背包、钥匙等杂物。

（3）美化空间。玄关作为居室的入户空间，是居室的门面担当，美观、大方的玄关能给来访者留下美好的第一印象，显示出对客人的尊重，并展现主人的审美品位。因此，玄关还应具有较强的装饰功能，会对居室整体的美观性产生重要的影响。

2. 玄关的基本类型

（1）无厅型。无厅型玄关也称为开放型玄关，是指当居室没有独立的玄关空间时，可以在入户门附近划分出一块区域作为玄关来使用。无厅型玄关的形式比较开放和自由，一般情况下，为了能够成为外部环境和居室内部之间的有效缓冲，玄关处会设置一些比较通透的隔断物（图 2-18）。

（2）走廊型。走廊型玄关是指以一道狭长走廊作为入户门与客厅之间的缓冲空间。走廊型玄关的通行空间比较狭窄，只能沿着墙面设置一些形态扁平的家具和陈设，不适宜放置体积较大的物品（图 2-19）。

（3）独立型。独立型玄关一般出现在大户型的居室中，一些大空间的别墅甚至可以将玄关处理成"门厅"

图 2-18 无厅型玄关

的形态，形成客厅的前奏。该类型的玄关形态完整，空间充裕，能充分满足入户空间的各种实际功能，提高居室内部空间的私密性、保洁性、安全性。此类玄关的家具选择可具有一定的装饰性，陈设的体积也可以略大一些，以达到美化空间的目的。除此之外，其界面和照明设计也应格外注重对美观性的追求（图2-20）。

图 2-19　走廊型玄关　　　　　　　　　　　图 2-20　独立型玄关

3. 玄关的设计要点

（1）隔断设计。对于没有独立玄关空间的居室而言，隔断设计就显得十分重要了。隔断设计讲求通透、明快，不破坏空间之间的流动性。其形式也比较多样，可以是实用性较强的橱柜类家具，也可以是偏重装饰性的屏风等（图2-21）。

（2）家具布置。玄关家具的选择和布置应以不妨碍居住者的行动为第一原则，因此通常形态扁平，贴墙摆放。

微课：玄关设计　　　　拓展阅读

常见的家具配置有柜子、衣帽架及凳子，其中柜子主要用于收纳鞋子及一些小型杂物，衣帽架用来悬挂外套、围巾、帽子等衣物，凳子的作用是方便换鞋。使用空间不足的玄关还可以选择多功能式橱柜，以实现对空间的充分利用（图2-22）。

图 2-21　玻璃隔断　　　　　　　　　　　图 2-22　多功能玄关储物柜

课堂互动

收集一些巧妙的玄关隔断设计案例，并与周围的同学分享你的发现。

二、客厅

客厅又称起居室，是家庭活动的中心，在居室空间中居于核心地位，其设计对整体空间的风格、气质起着引领作用。因此，客厅设计是居室空间设计的重中之重。

1. 客厅的功能

（1）家庭聚会与交流。客厅承担家庭聚会与交流是客厅最基本的功能。客厅是一个家庭茶余饭后、日常交流与聚会的场所，通常是由组合沙发、茶几或者休闲椅、边桌组合成一个交谈场所，伴随着喝茶聊天等形式营造出休闲与轻松的氛围。

（2）视听娱乐。在居室空间与生活模式中，大部分客厅设计是将家庭交流与日常的视听功能结合在一起的。其中最基本的是电视娱乐，部分还有音响。因此在设计时，一般将视听组合与电视墙、沙发组合成一个整体的会客起居模块。

（3）陈列与收纳。由于客厅是一个对外接待、对内沟通的平台，适当的陈列功能可以展示居住者的生活经历与审美品位，因此，恰到好处的陈列设计配合适当的设计风格，能给客厅营造出良好的文化品位。

（4）阅读与上网。一个家庭的书房往往是相对私密而独立的工作区域，而客厅里的阅读行为则往往是茶余饭后的比较随性和休闲的行为。因此，将沙发组合中的休闲椅配合一些小型的书架、置物架作为阅读区域是很好的选择。

2. 客厅的空间布局

由于家具摆放的位置不同，客厅也呈现出不同的布局形式，常见的有L形、U形、一字形、分散式、对称式五种。

（1）L形布局。沿两面呈L形的墙体进行家具的布置，是一种比较开放的布置形式。这种布置形式相对大气，可以在一面设置电视柜，并设计一面主题背景墙等。这也是最常见的一种布置形式（图2-23）。

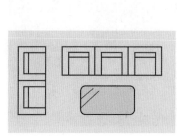

图2-23　客厅L形布局

（2）U形布局。这种布局是目前比较常用的一种布局形式，沙发或柜子围绕茶几三面布置，相对对称，开口对着电视背景墙，形成一种相对私密的聚会、会客空间（图2-24）。

图 2-24　客厅 U 形布局

（3）一字形布局。沙发呈一字形靠墙布置，前面摆放茶几，适用于面积较小的客厅空间，既可以很好地节约空间，又可以满足需求（图 2-25）。

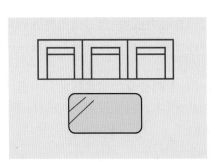

图 2-25　客厅一字形布局

（4）分散式布局。这是一种随意性较大的布局方式，居住者可以依据自己的喜好将家具按照最舒适、最休闲、最便捷的方式进行个性化摆放，一般适合大空间客厅（图 2-26）。

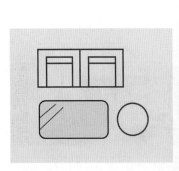

图 2-26　客厅分散式布局

（5）对称式布局。这种布局在我国传统风格中较为常见，形成一种绝对或相对对称的形式，塑造一种庄重、肃穆的气氛，位置层次感较强，适用于文化背景较好、年龄结构偏大的家庭应用（图 2-27）。

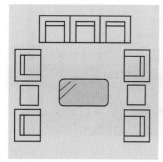

图 2-27　客厅对称式布局

课堂互动

结合自己的生活体验，你认为现代生活中客厅的功能会出现哪些变化？

微课：起居室的　　微课：起居室的　　拓展阅读
功能和布局形式　　装饰

三、餐厅

现代餐厅除了具有基本的日常就餐功能，往往还是家庭交流聚会的场所，是客厅的延伸和扩展，也是客厅与厨房之间的过渡和衔接，餐厅的功能变得越来越多元化。

1. 餐厅的功能

（1）就餐。餐厅所承担的最基本的职责就是提供舒适、轻松的就餐场所，使得一家人能在固定的场所完成餐饮活动。

（2）交流、娱乐。中国的餐饮文化原本就非常盛行，在经济高速发展的现代社会，家庭餐厅也逐渐成为家人之间日常交流，或者亲朋好友间聚会、娱乐的场所。

（3）餐具、食品收纳。现代餐厅还具有一定的收纳功能，多体现在餐柜上，用于收纳家庭零食、副食品、餐具等，作为厨房空间的扩展，同时也可以作为收纳酒类、精美餐具等物件的展架，在增添餐厅就餐氛围的同时，提升主人品位。

2. 餐厅的空间布局

（1）独立式餐厅。最理想的餐厅格局，餐厅位置应靠近厨房。需要注意的是，餐桌、椅、柜的摆放与布置应与餐厅的空间相结合，如方形和圆形餐厅，可选用圆形或方形餐桌，居中放置；狭长餐厅可在靠墙或窗一边放一个长餐桌，桌子另一侧摆上椅子，空间会显得大一些（图 2-28）。

（2）一体式餐厅—客厅。餐厅和客厅之间的分隔可采用灵活的处理方式，可用家具、屏风、植物等做隔断，或只做一些材质和颜色上的处理，总体要注意餐厅与客厅的协调统一。此类餐厅面积不大，餐桌椅一般贴靠隔断布局，灯光和色彩可相对独立，除餐桌椅外的家具较少，在设计规划时应考虑到多功能使用性（图 2-29）。

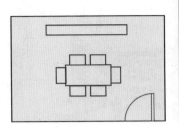

图 2-28　独立式餐厅

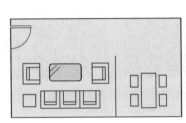

图 2-29　一体式餐厅—客厅

（3）一体式餐厅—厨房。这种布局能使上菜快捷方便，能充分利用空间。值得注意的是，烹调不能破坏进餐的气氛，就餐也不能使烹调变得不方便。因此，两者之间需要有合适的隔断，或控制好两者的空间距离。另外，餐厅应设有集中照明灯具（图 2-30）。

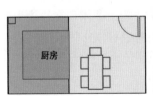

图 2-30　一体式餐厅—厨房

3. 餐厅的设计要点

（1）防油防水。餐厅的地面宜选择实用性强、易清理的亮面瓷砖或复合木地板，尽量不使用肌理粗糙、易沾染油污的磨砂地砖、地毯等（图 2-31）。餐厨靠墙时，墙面易被餐桌磨损，或沾上油污，因而餐桌附近的墙面宜选用硬度高、肌理光滑的材料（图 2-32）。

（2）家具布置。餐厅中基本家具（餐桌、餐椅）的规格，通常以家庭日常用餐的人数来确定，同时也要考虑宴请宾客的需要，餐边柜、酒柜等家具通常沿墙摆放，以确保安全，

图 2-31　光洁的瓷砖地面

图 2-32　餐桌旁墙面选用肌理光滑材料

尺寸应根据餐厅大小而定，柜体和椅子之间应留出足够的通行空间（图 2-33）。

（3）气氛营造。从色彩心理学的角度来说，餐厅整体色调应采用暖色调，这是因为暖色调给人以温暖、热忱之感，有利于促进食欲，使人心情愉悦。在餐桌上布置一些小型装饰陈设，或在墙面悬挂装饰画，也有利于就餐氛围的营造（图 2-34）。

图 2-33　餐厅家具布置

图 2-34　温馨的暖色调和墙面的装饰画

知识链接

餐厅家具的摆放要点

一、根据人数和空间面积选择餐桌椅

餐桌椅占餐厅面积的百分比主要取决于整个餐厅的面积的大小，一般来说，餐桌大小不要超过整个餐厅面积的 1/3。

选择餐桌时，除了考虑居室面积，还要考虑多少人使用、是否还有其他功能，在确定适当的尺寸之后，再决定样式和材质。国内餐桌的形状以方桌和圆桌为主，按照标准规定，餐桌的标准高度在 730~760mm，而餐椅的高度则在 400~430mm。

二、充分利用隐性空间完成餐厅收纳

如果餐厅的面积有限，没有多余空间摆放餐边柜，则可以考虑利用墙体来打造收纳柜，

微课：餐厅的功能和布局形式　　微课：餐厅的装饰

不仅充分利用了家中的隐性空间，同样可以帮助完成锅碗瓢盆等物品的收纳。需要注意的是，制作墙体收纳柜时，一定要听从专业人士的建议，不要随意拆改承重墙。

四、厨房

"民以食为天"，厨房是居室中使用最频繁、家务活动最集中的地方之一，需要满足洗涤、配餐、烹饪、储藏、烧烤和备餐等多种功能。

1. 厨房的功能

厨房的基本功能就是烹饪食物。烹饪过程包含了储藏、清洗、烹调三个步骤，冰箱、水槽、灶台是这三个步骤的工作中心，形成一个"工作三角区"，该三角形的边长之和越小，烹饪的劳动强度也就越低。除了烹饪食物以外，现代厨房还具有强大的收纳功能，不仅能收纳食材、副食品，还有与餐饮有关的餐具、酒具，以及各种烹饪设备与电器的收纳。同时，厨房也是家庭成员交流、互动的场所，他们可以通过烹饪和进餐的行为，达到与家人交流感情、增添生活乐趣的目的。

2. 厨房的基本类型

（1）封闭型。封闭型厨房是指用墙体或隔断将厨房与居室中的其他空间完全分开的厨房布局形式。我国绝大多数居室中的厨房都采用了封闭式的结构，这是因为中式烹饪方式产生的油烟比较多，噪声也比较大，封闭式厨房能够保持居室的清洁和安静，避免烹饪活动对其他家庭活动产生干扰（图2-35）。

（2）开敞型。开敞型厨房是指厨房在一个或多个方向上没有实体墙面或隔断，与客厅、餐厅等空间完全连通的厨房。在厨房使用频率较低、多使用无烟式烹饪的情况下，可以采用开敞型厨房设计，不仅能够增加厨房操作区域，还能使居室视觉上更加宽敞、明亮（图2-36）。

图 2-35 封闭型厨房

图 2-36 开敞型厨房

3. 厨房的空间布局

（1）一字形。一字形布局也叫单列式，是指将储存、备餐、洗涤、烹饪台等厨房设备排成一字形，多用于空间狭长和小户型居室。其特点是最大限度地节省了空间使用面积，缺点在于行动路线重复且流线交叉太多（图2-37）。

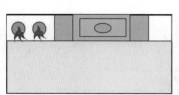

图 2-37　一字形布局厨房

（2）双列式。双列式是指在沿着相对的两面墙布置操作区域的厨房布局形式。该布局中，两侧操作区之间的距离不宜过远，否则会使工作三角区的边长过长，令使用者感到不便（图 2-38）。

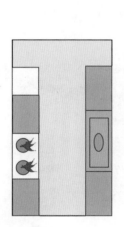

图 2-38　双列式布局厨房

（3）L 形。L 形是指沿着相邻的两面墙进行 90° 布置的厨房布局形式，常用于中等大小的厨房，是最节省空间的一种厨房类型，其动线最为清晰（图 2-39）。

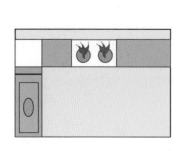

图 2-39　L 形布局厨房

（4）U形。U形是指沿着三面墙壁布置操作区的厨房布局形式，适用于面积较大的厨房空间。U形布局的操作空间比较充足，能够将工作三角的三个顶点等距离安排在"U"字上，使得厨房顺序明确、操作高效，并可以容纳两名以上的使用者同时使用（图2-40）。

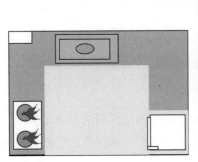

图2-40　U形布局厨房

（5）岛形。岛形厨房设计适合在现代及后现代风格中应用，多适用于开放式厨房和餐厅，即在厨房中设置一个独立的料理台或工作台，作为餐厅与厨房的分隔，适合面积在15m² 以上的厨房（图2-41）。

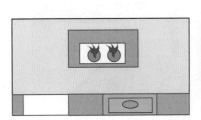

图2-41　岛形布局厨房

小贴士

厨房功能具有专业性，国内的燃气管道、给排水管道及底面排水口的预先沉降，都使得厨房的位置在空间建成时就已经确定了。设计中，厨房的面积可以增减，内部的布局可做调整，但完全的位置迁移是非常困难的。因此，厨房的设计要十分精确而巧妙，将建筑结构与居住者需求完美结合在一起。

4. 厨房的设计要点

1）管线排布

厨房中集中了多种管线，通常包含了水、气、电三大类。水管可分为上水管和下水管，上水管通常使用 PPR 管，将水从主阀门运送到水槽，安装完成后需加水试压，以防泄漏；下水管负责将污水排出，通常使用 PVC 管。两种管材应明确区分，不可混合使用。城市居民一般使用天然气，部分农村地区使用罐装液化石油气。使用天然气的住宅，供气单位所提供的控制表应远离明火，输气软管也应妥当安置，避免泄漏。厨房用电设备一般包括微波炉、油烟机、烤箱、冰箱等，随着科技的发展，洗碗机、搅拌机、榨汁机、咖啡机等多种多样的电器渐渐进入了厨房，使得空间内设施繁多，线路混杂。所以，前期的电路设计要考虑周全，统筹安排，例如，冰箱、烤箱等体积大、位置相对固定的电器需要提前确定插座及电线走向；对于位置灵活、可随意取用的小型电器，在操作区附近设置数量充足的插座即可（图 2-42）。

2）通风换气

厨房通风设计的关键点在于尽可能彻底而快速地排出油烟和蒸汽。除自然通风通道（如门、窗）外，抽油烟机是现代厨房中重要的换气设备，设置在灶台上方，用于将灶台处产生的油烟吸走，并排到室外（图 2-43）。

图 2-42　厨房中多种多样的电器

图 2-43　厨房油烟机

3）便于清洁

厨房中油污较多，界面及家具的材料应具有易于清洗的特点，肌理光洁的石材、瓷砖、金属等都是不错的选择（图 2-44）。为降低装修成本，也可以仅对操作台附近的部分墙面进行特殊处理。操作区的面板最好采用无缝一体式设计，以避免油污渗入，不易清理（图 2-45）；如果操作台由多个橱柜组合而成，则要注意柜体之间不能留有缝隙，以免藏污纳垢。

图 2-44　厨房墙面及地面的瓷砖铺装

图 2-45　一体式的操作台面板

微课：厨房   微课：厨房   微课：厨房   微课：厨房家具及   拓展阅读
的设计原则   的类型   的布局形式   设备尺寸相关要求

五、卧室

卧室是最具私密性的空间，通常地处居室空间的最里端，与公共活动区域保持一定的距离，以避免相互干扰，确保卧室的安静性与私密性。

1. 卧室的功能

（1）睡眠。卧室的核心功能是为居住者提供休息和睡眠的场所，使居住者能够在安静、舒适的环境中安然入睡，因而，卧室应具有很强的私密性，避免受到外界环境中声音、光线、视线等因素的干扰。

（2）休闲。在卧室中，居住者还可以进行一些休闲娱乐活动，如看电视、看电影、听音乐、阅读、玩游戏等，以放松心情、缓解压力。卧室的私密性还能保证居住者在进行这些活动时不会影响到其他家庭成员。

（3）工作。有的居室由于面积较小或其他原因无法设置独立的书房，而居住者又有阅读、工作等需求，因此，卧室常常会带有小型的工作区域，如布置书桌、书架、休闲椅等家具，作为书房使用。

（4）储藏。居住者在就寝、起床后，都有更衣、梳妆的需求，因而卧室中应划分出一定的储藏空间，用于收纳衣物、床品，以及一些私人物品。

2. 卧室空间布局

（1）正方形小卧室。一般 $10m^2$ 左右的卧室，床可以放中间，将衣柜的位置设计在床的一侧。床的两边各留 50cm 左右的空间才足够；$10m^2$ 大的卧室要采用双人床，就要预留三边的走动空间，这种摆设比较便于使用（图 2-46）。

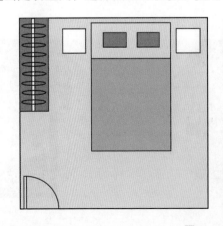

图 2-46　正方形小卧室

（2）横长形小卧室。若卧室小于 10m²，则建议将床靠墙摆放，衣柜靠短的那面墙摆放，这样可以节省出放置梳妆台或书桌的空间。同时，可采用收纳型床或榻榻米，这样床底可用来存放棉被等物品，做到把收纳归于无形。同时也可避免因为太多杂物而干扰动线（图 2-47）。

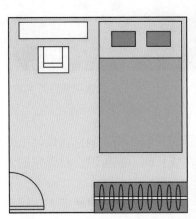

图 2-47　横长形小卧室

（3）横长形大卧室。若卧室的空间超过 16m²，可把衣帽间规划在卧室角落或卧室与卫浴间的畸零空间里；也可利用 16m² 的大卧室隔出读书空间或者休闲空间。一般卧室内的空间最好采用片段式的墙体、软隔断或家具来分隔，这样能最大限度地保证空间的通透性（图 2-48）。

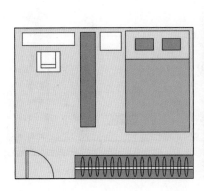

图 2-48　横长形大卧室

3. 卧室的种类

卧室按家庭结构、居住人员身份不同，常分为主卧室、子女房、老人房等，设计表现应不同，设计处理上有相似也有不同之处。

1）主卧室

主卧室是房主的私人生活空间，在功能上要满足睡眠、休闲、阅读、储物等要求，氛围营造要温馨，具有较高的舒适度（图 2-49 和图 2-50）。因此，除了床以外，可根据功能需求设置电视、床头柜、衣柜、梳妆台、灯具、沙发等辅助性设施。

图 2-49　满足睡眠功能的主卧室

图 2-50　兼具休闲功能的主卧室

2）子女房

子女房相对主卧室而言也可称为次卧室，是孩子成长的私密空间，在设计上要充分考虑子女的年龄、性别，以及性格等个性因素。孩子在成长的不同阶段，对卧室的使用需求是不同的。

（1）婴儿期。婴儿期是指 0~3 岁年龄阶段，孩子的空间需求相对较低，功能需求也相对简单，可以在主卧室设置一张婴儿床，也可以设置单独的育婴室。如果是单独的房间，一定要与照看者房间邻近（图 2-51）。

（2）幼儿期。幼儿期是指 3~6 岁年龄阶段，孩子的行为能力逐渐增强，活动内容也开始丰富，需要一个独立的睡眠、娱乐、休闲空间，一切家具陈设都要符合孩子的身体尺寸，更要注重安全性。房间氛围要根据孩子的性别、性格、喜好而定（图 2-52）。

图 2-51　独立育婴室

图 2-52　幼儿卧室

（3）童年期。童年期是指 7~13 岁年龄阶段，空间功能以休息、学习、娱乐和交际为主，所以要考虑到卧室的多功能性设计，同时也要更注重独立性（图 2-53）。

（4）青少年期。青少年期是指 14~17 岁年龄阶段，这个时期的孩子个性化、独立性更强，对空间的安排有自己的主见，对空间的功能要求更加复杂，除了休息、学习之外，还要有待客空间（图 2-54）。

3）老人房

老人房是为老年人准备的房间。如老年人不常住就具有临时性，可以作为客卧使用，一般设计以实用为主。房间要最大限度地满足老年人对睡眠和储物的需求，功能相对单一（图 2-55）。

微课：卧室的类型及特点

图 2-53　多功能儿童房

图 2-54　雅致的女孩卧室

图 2-55　轻奢风格老人房

微课：卧室的功能
及尺寸

微课：卧室的装饰

六、书房

书房是阅读、书写，以及业余学习、研究、工作的空间。书房是为个人而设的私人天地，是最能体现居住者习惯、个性、爱好、品位和专长的场所。

1. 书房的功能

（1）阅读与工作。书房是居住者阅读、工作的场所，满足的是日常生活中较高层次的需求。随着现代信息技术的发展，人们的阅读和工作方式已突破了时间和空间的限制，但人们仍然希望能够有一个安静、雅致，充满书香气息的空间用于学习与思考。

（2）休闲与会客。现代社会中，人们追求更加多元化的生活方式，开始将一些具有文化气息的休闲娱乐活动融入书房，如品茗、品酒、收藏、鉴赏等，将书房打造为居住者的个人兴趣空间。此外，书房有时会衍生出会客功能，作为与亲朋好友相聚、交谈的场所。

2. 书房的空间布局

（1）一字形。一字形摆放是最节省空间的形式，一般书桌摆在书柜中间或靠近窗户的一边，这种摆放形式令空间更简洁时尚，一般搭配简洁造型的书房家具（图 2-56）。

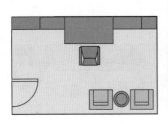

图 2-56　一字形书房

（2）T形。将书柜布满整个墙面，书柜中部延伸出书桌，而书桌却与另一面墙之间保持一定的距离，成为通道。这种布置适合于藏书较多，开间较窄的书房（图 2-57）。

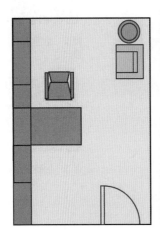

图 2-57　T 形书房

（3）L形。书桌靠窗放置，而书柜放在边侧墙处，这样的摆放方式可以方便书籍取阅，同时中间预留的空间较大，可以作为休闲娱乐区使用（图 2-58）。

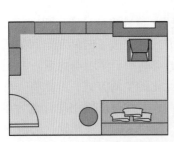

图 2-58　L 形书房

（4）并列形。墙面满铺书柜，作为书桌后的背景，而侧墙开窗，使自然光线均匀投射到书桌上，清晰明朗，采光性强，但取书时需转身，也可使用转椅（图 2-59）。

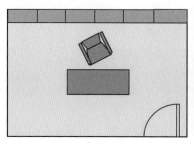

图 2-59 并列形书房

3. 书房的设计要点

（1）光线明亮。书房作为主人读书写字的场所，对于照明和采光的要求很高，因为人在过于强和弱的光线中工作，都会对视力产生很大的影响。所以写字台最好放在阳光充足但不直射的窗边。这样在工作疲倦时还可凭窗远眺一下以休息眼睛。

（2）空间安静。安静对于书房来讲是十分必要的，因为人在嘈杂的环境中工作效率要比安静环境中低得多。所以在装修书房时要选用那些隔声吸声效果好的装饰材料。天棚可采用吸声石膏板吊顶，墙壁可采用PVC吸声板或软包装饰布等，地面可采用吸声效果佳的地毯，窗帘要选择较厚的材料，以阻隔窗外的噪声。

（3）清新淡雅。主人可以把生活情趣充分融入书房的装饰中，一件艺术收藏品、几幅钟爱的绘画或照片，哪怕是几个古朴简单的工艺品，都可以为书房增添几分淡雅、清新的效果。

（4）分门别类、有秩序感。书房是藏书、读书的房间。所以会有很多种类的书，且又有常看、不常看和藏书之分，所以应将书进行一定的分类存放。如书写区、查阅区、储存区等分别存放，这样既可使书房井然有序，又可提高工作的效率。

微课：书房的种类与布局

微课：书房的装饰

思想提升

【知识点】中式家具结构之最——榫卯

传统榫卯的结构是家具结构设计中非常重要的组成部分，榫卯结构历史底蕴深厚、艺术内涵丰富，凝结着古代劳动人民的智慧，是传统工艺的代表，承载着中华民族的记忆和文化。

【互动研讨】关于明式家具的榫卯结构，你了解的程度如何呢？你是否熟悉传统榫卯结构的应用特点？你能否说出三种以上传统榫卯结构的名称？

微课：家国情怀——中国传统家具的榫卯结构

【总结分析】通过对传统榫卯的深入学习，增强了我们的民族自豪感和自信心。弘扬榫卯结构中蕴含的工匠精神和创新精神，探索传统榫卯结构的现代化传承思路与方法是值得我们今天去做的事。

七、卫生间

卫生间是居室中处理个人卫生的空间。居室中的卫生间多为浴室和厕所两种区域合二为一。卫生间的主要设备有盥洗台、化妆镜、坐便器或蹲便器、浴缸或淋浴房、浴巾架、储物柜等。家庭中卫生间在功能上必不可少，在装饰上还可从侧面体现主人的性格和品位，因此，卫生间设计越来越受到重视。

1. 卫生间的功能

卫生间的基本功能为如厕、盥洗、沐浴，关乎居住者最私密、最基本的生活需求。如厕是卫生间最重要、最核心的功能；盥洗主要是指日常的洗手、洗脸、刷牙等活动，有时还包括梳妆、美发等更复杂的活动；沐浴主要是指淋浴，空间充足的卫生间还可以设置浴缸，进行一些偏重休闲的沐浴活动。当住宅空间较小时，卫生间还需要承担一些家务功能，如洗涤衣物、晾晒衣物、存放洁具等，因而有时还会划分出一定的操作和储物空间。

2. 卫生间的空间布局

（1）兼用型。把浴缸、洗脸池、便器等洁具集中在一个空间中，称为兼用型卫生间。兼用型卫生间的优点是节省空间、经济、管线布置简单等；缺点是一个人占用卫生间时，影响其他人使用。此外，面积较小时储藏空间等很难设置，不适合人口多的家庭（图 2-60）。

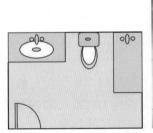 

图 2-60 兼用型卫生间

（2）折中型。卫生间的基本设备与部分独立卫生设备合为一室，称为折中型卫生间。折中型卫生间的优点是相对节省空间，组合比较自由；缺点是部分卫生设备同置于一室时，仍有互相干扰的现象（图 2-61）。

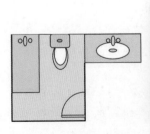 

图 2-61 折中型卫生间

（3）独立型。卫生间的浴室、厕所、洗脸间等有各自独立的场合，称为独立型卫生间。独立型卫生间的优点是各室可以同时使用，特别是在使用高峰期可减少互相干扰，使用起来方便、舒适；缺点是占用面积大，建造成本高（图2-62）。

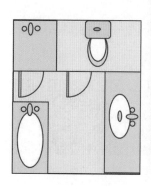

图 2-62　独立型卫生间

3. 卫生间的设计要点

（1）加强通风。潮湿的环境容易滋生细菌，长期浸泡还容易破坏居室建筑，因此，卫生间的通风设计非常重要。卫生间要尽量有窗户，加强空气流通，使卫生间在使用后能够在短时间内恢复干爽清洁的状态。为保护卫生间内的隐私，窗户可加装百叶窗或粘贴磨砂玻璃贴膜（图2-63）。如果卫生间处于建筑物中心，无法开窗，便需要加装换气扇等设备，辅助空间内的通风换气（图2-64）。

图 2-63　卫生间的百叶窗　　　　　图 2-64　安装了顶面排风装置的卫生间

（2）用电安全。卫生间的电路设计应兼顾便捷性和安全性。开关、插座通常安装在触手可及的区域（图2-65），外部可通过加设防水盖来降低漏电的风险。装修时尽量不要改动卫生间内的原有电路，所有电路需进行密封和绝缘处理（图2-66）。

图 2-65　触手可及的开关

图 2-66　插座防水盖

（3）储藏收纳。卫生间中的常用品比较
零散，随意放置会使原本不大的空间变得杂乱
不堪，因此，卫生间的储藏功能设计十分重要。
卫生间中的储藏类家具主要有两类：一类是便
于取用使用频率较高的物品的开放式置物台、
置物架等（图 2-67），用于放置香皂、洗手液、

微课：卫生间的　　微课：卫生间的　　　拓展阅读
功能与布局　　　　装饰

香薰等；另一类是带门的封闭式储物柜，用于收纳纸巾等易潮品或备用的清洁用品（图 2-68）。
除此以外，在离湿区较远的位置，还可以放置洗衣机、烘干机等电器。

图 2-67　盥洗台下方的置物台

图 2-68　封闭式台盆柜

设计小技巧

不同类型的居室空间在使用上具有不同的特征，公共空间注重互动，而私密空间注重
隐蔽。特征的不同，使得不同类型的空间之间会存在使用上的冲突，如书房不应设置在喧
闹的客厅旁。因此，进行空间组织时应充分考虑各个空间的特征，将同一类型的空间有机
结合在一起，有冲突的空间则分离开来。

2.3 深化设计

📖 必备知识

2.3.1 界面与材料

一、界面设计

居室空间的界面是指建筑内部的顶面、墙面和底面，界面的围合形成了居室的使用空间。位置不同、作用不同的界面，有着不同的性质和功能特点。

室内各界面的设计要求及功能特点如表 2-5 所示。

表 2-5 室内各界面的设计要求及功能特点

部　　位	设　计　要　求	功　能　特　点
顶面	（1）耐久性高，使用期限长； （2）耐燃及防火（现代室内设计尽量不使用易燃材料，避免使用燃烧时会释放大量浓烟或有毒气体的材料）； （3）无毒（即散发的气体及触摸时的有害物质低于核定剂量）； （4）无害的核定放射剂量； （5）易于制作安装和施工，便于更新； （6）具有必要的隔热保温、隔声吸声性能； （7）符合装饰及美观要求； （8）符合相应的经济要求	具有耐磨、防滑、防水、易清洁、防静电等性能
墙面（包括隔断）		挡视线，具有较好的隔声、吸声、保温、隔热等性能
底面（包括楼面）		质量轻，光反射率高，具有较好的隔声、吸声、保温、隔热等性能

1. 顶面

顶面的主要功能是在垂直方向上划分空间及承载灯具等悬挂物，通常重量较轻，且有较高的光反射率。在空间效果上，顶面的高度直接决定了空间尺度，影响空间内居住者的心理感受。因此，不同的功能空间对顶面高度有着不同的要求。例如，客厅超高的层高，使得空间一览无余，视野开阔（图 2-69）。此外，顶面还是营造空间氛围的重要界面，是设计的重点。例如，采用巨大的吊顶，造型简洁、大气，具有很强的视觉冲击力和装饰效果，在灯光的配合下，使得空间氛围庄重而典雅（图 2-70）。

2. 墙面

与其他界面相比，墙面在艺术表现上的自由度较大，可以选用不同的材料、色彩，设计成不同的造型，是设计师创造理想空间的重要舞台（图 2-71）。但自由并不意味着随心所欲，由于墙的长度、高度是由地面和顶面决定的，三者之间有着紧密的联系，所以在设计中不能割裂开来看，应统筹安排，协调处理。墙开洞则成门或

微课：室内设计常见七大吊顶类型　　微课：多种风格衍生下的墙面设计形式

图 2-69　挑高的客厅视野开阔　　　　图 2-70　圆形吊顶营造出庄重典雅的氛围

窗，门与窗的设计也与墙面有着密切的关系，设计师应统筹处理二者的关系（图 2-72）。

图 2-71　精美的墙面设计　　　　图 2-72　风格统一的门与墙面

3. 底面

底面主要起承重作用，是与居住者有着直接接触的界面。不同的功能空间对底面有着不同的需求。例如，阳台、厨房、卫生间等有防水需求的空间，就格外重视底面的防水功能（图 2-73）。此外，底面也是影响空间视觉效果的重要因素，其色彩、图案、材料肌理等都会影响居住者对空间的感受（图 2-74）。

微课：住宅地面常用装饰材料

图 2-73　铺设防水瓷砖的卫生间　　　　图 2-74　木地板给人以温暖舒适之感

二、界面设计的原则

界面设计要求质感、形态、色调三者协调统一，具有功能性与审美性的融合。所以，界面设计需遵循三大原则，即功能原则、形态原则、质感原则。

1. 功能原则

著名建筑大师贝聿铭有这样一段表述："建筑是人用的，空间、广场是人进去的，是供人享用的，要关心人，要为使用者着想。"使用功能必须成为居室空间设计的第一原则，各功能空间的界面设计要满足不同的功能需求。例如，书房的界面需要满足藏书需求，客厅空间需要满足视听需求。

2. 形态原则

形态是人视觉的第一观感，包括色彩、造型等。利用形式美法则，将界面经过划分、解构、重组，再通过二维形态向三维空间的转换，形成功能性，在"美"的基础上加入功能性。

3. 质感原则

界面的形式美、色彩美主要是以材料为载体进行表现的，不同界面由于形式、功能的不同会选择不同的材料，以此来表现质感，更好地表现设计风格与主题。

三、界面设计的表达

1. 界面的形状

界面的形状通常以建筑的结构为依托，有平面、拱形、折面等造型（图2-75）。但有时为了满足某种空间的使用功能及审美需要，也可以脱离建筑本身的结构进行形状的重新设计，例如，嵌入方形顶面的圆形吊顶为客厅增添了柔和感和温馨感（图2-76）。

图 2-75　与屋顶形状一致的折面顶面

图 2-76　圆形吊顶柔化空间感受

2. 界面的图案

从表现形式上看，界面的图案构成有点、线、面三种形态。点和线比较抽象，具有一定的运动感和方向感，通常用于调整空间的视觉效果。例如，天花板上的线形构成，与柔软的环境形成对比，使空间具有一种张力（图2-77），又如，背景墙采用具有自由流动的线条的壁纸，使得空间现代感十足（图2-78）。

图 2-77　由线构成的顶面图案

图 2-78　由自由线条构成的墙面壁纸

　　界面的面积较大，对视觉效果的影响也较大，通常用于营造某种空间氛围和意境，例如，几何图案能够使空间充满现代感（图 2-79），花卉图案则多用于传统风格的住宅（图 2-80）。选用图案时应充分考虑空间整体风格，并与家具、陈设等相协调。

图 2-79　使用几何图案壁纸的现代主义风格

图 2-80　使用花卉图案壁纸的欧式古典风格

3. 界面的材料

　　界面的材料直接关系着居室的实用性、美观性与经济性，是界面设计中最为关键的一环。

课堂互动

　　想一想，界面设计中还有哪些需要注意的问题？请以小组为单位进行讨论。

四、界面材料的选用

1. 界面材料的选用原则

　　（1）功能性原则。在选用材料时，不同功能空间，需要选择相应类别的材料来烘托氛围。例如，客厅材料就要耐磨、舒适、美观大方、体现个性；厨房、卫浴间材料就要耐水、抗渗、不发霉、易擦洗；卧室材料要隔声、保温，营造宁静温馨的氛围。

　　（2）经济性原则。材料的经济性也是选择的重要原则之一，选用材料要根据业主的经济情况量力而行，本着经济适用的原则，适当分配资源。

（3）环保性原则。材料选择时，要以绿色环保为首要原则，一定要在安全、无污染、符合国家标准的前提下挑选材料。

（4）美观性原则。材料的选择要以美观、大方、时尚为原则，可以通过材料的质感、色彩搭配组合实现设计的理念，运用材料的搭配彰显设计的创新与个性。

2. 界面材料质感运用

质感是视觉或触觉对材料特质的感觉。不同的质感可以营造不同的氛围和环境，带给人们不同的视觉感受，质感包括肌理、色彩、形态三大方面的特征。

（1）肌理。肌理是指材料本身表现出来的表面纹理和形态特征。肌理的构成形态有颗粒、块状、线状、网状等。肌理可以分为自然肌理和人工肌理两种。自然肌理是材料的天然构造，自然形成，无完全相同的，各具特色，如实木纹理、石材花纹等（图2-81）；人工肌理是经过加工处理形成的，如地毯、壁纸、玻璃等（图2-82）。设计师可利用材料不同的肌理来营造具有特色的空间氛围。

图 2-81　材料的自然肌理突显自然风格　　　图 2-82　利用原木肌理制作独特的界面装饰

（2）色彩。色彩是人对物、对空间的第一视觉感受载体，在表达情感方面有着很明显的优势，可以通过色彩的明度、饱和度、对比度、相似度等搭配来改变空间给人的整体感受，将整体方案更好地展现出来。材料的色彩属性也有天然和人工之分，天然的色彩给人素雅、古朴、自然的纯粹感，材料经过人工加工，其色彩可变得纯正、明艳（图2-83）。

（3）形态。材料的形态分为两种，一种是自身肌理形成的独特韵律、形态，另一种是材料与形式的组合，形成的有规律的视觉效果。不同的形态能赋予材料不同的使用功能和艺术效果（图2-84）。

微课：地面装饰材料　　微课：墙面装饰材料

3. 各功能空间材料选择与应用

不同空间具有不同的功能性，所以在材料的选择上也会有相应的不同。不同的材料由于其质感、肌理、色彩、形态等方面的差别，可以营造出完全不同的空间氛围（表2-6）。

微课：顶棚装饰材料　　拓展阅读

图 2-83　深蓝色的色调给人沉静、稳定感　　　图 2-84　文化石的随意排列显现出粗犷的肌理效果

表 2-6　功能空间材料选择参考表

空　间	主　要　材　料		选　择　原　因
玄关（门厅）	地面：花岗岩、大理石、抛光砖、釉面砖、复合地板等		人流量大，耐磨、防潮、易清洁
客厅	天花：简洁的石膏饰线、乳胶漆涂料、石膏板		层高与空间限制
	立面：内墙涂料、壁纸、大理石、仿古砖等		整体效果考虑
	地面：花岗岩、大理石、抛光砖、釉面砖、复合地板等		耐磨、易清洁
餐厅	地面：抛光砖、石材、釉面砖等		防水、耐磨、防滑、易清洁
厨房	地面：陶瓷类同质地砖		防水、防火、防潮、易清洁
	立面：防水涂料或陶瓷面砖		
	天花：集成吊顶或铝塑板等		
卧室	地面：木地板、地毯		恒温、亲切、温馨
	立面：内墙涂料、壁纸		
书房	地面：木地板、地毯		温馨、抗噪声、安静
	立面：内墙涂料、壁纸、木饰面板		
卫生间	地面：陶瓷类同质地砖		防火、防水、防潮、易清洁
	立面：陶瓷面砖		
	天花：集成吊顶或铝塑板等		
特殊风格使用的特殊材料除外			

知识链接

新　式　材　料

1. 超薄石材

超薄石材由天然岩石切割而成，厚度仅有 1~2mm，背面用玻璃纤维做底，从而使坚硬的石材可以像壁纸一样弯曲变形，超薄石材克服了天然石材易碎、运输困难、安装困难等问题，使石材的使用范围变得更为广泛。

2. 永生苔藓

永生苔藓是近年来人气很高的一种装饰材料，它由自然生长的苔藓经过干燥、染色等步骤加工而成,具有保湿、美化环境、清新空气等功能,装饰性极强。

3. 人造透光石

人造透光石主要以树脂为黏结剂,加以天然石粉、玻璃粉及其他辅助原料,经过一系列工序聚合而成,具有质量轻、硬度高、防火、耐污、抗老化、抗腐蚀等特点,且易于加工。人造透光石具有一定的透光性,借助普通灯光的照射,人造透光石可产生一种似隐似现、若即若离的梦幻效果,因此是一种极佳的装饰品,可制成透光背景墙、灯饰、透光吊顶、隔断等。

4. 透光混凝土

透光混凝土也称透光水泥,由混凝土与导光材质混合而成,是一种复合型材料。透光混凝土的美需要借助灯光来呈现。在灯光的辅助下,用透光混凝土打造的界面隐隐透出光亮,营造出一种朦胧美,光与混凝土的互动,形成了视觉上的隔与透。

2.3.2 采光与照明

一、自然采光

1. 侧面采光

侧面采光是指在居室外墙上开采光口,其构造简单,造价低廉,且防雨、通风,便于施工和维护,是居室最常见的一种采光形式(图2-85和图2-86)。但侧面采光只能保证房间内有限进深的采光要求,近窗处亮,远窗处暗。

图 2-85 侧面采光 1   图 2-86 侧面采光 2

2. 顶部采光

顶部采光是指通过居室建筑顶部的天窗进行采光。这种采光方式的采光量较均匀,适用于进深大、侧面采光不足的大型居室(图2-87和图2-88)。

3. 混合采光

混合采光即将侧面采光和顶部采光结合起来的采光方式。一般在侧面采光不能满足要求时采用(图2-89和图2-90)。

图 2-87　顶部采光 1

图 2-88　顶部采光 2

图 2-89　混合采光 1

图 2-90　混合采光 2

课堂互动

你的家中是否存在采光不足的空间？如果有，请试着对其进行改造，与同学们分享你的改造方案。

二、人工照明

人工照明是为了创造夜间建筑物内外不同场所的光照环境，补充白昼因时间、气候、地点不同造成的采光不足，以满足工作、学习和生活的需求而采取的人为措施。

小贴士

眩光是指视野中由于不适宜的亮度对比，导致眼部不适、可见度降低的视觉条件，如在强光下阅读或被灯光直射眼部。消除居室空间内眩光的方法有以下三种：第一，提高灯具的安装高度，增大遮光角；第二，为灯具装备遮光叶、防眩格栅等配件；第三，选择柔光玻璃制作的灯具。

1. 照明灯具种类

（1）吸顶式灯具。吸顶式灯具是吸附在空间顶面的灯具，处于空间的最高处，光线辐射一般不会受到阻碍，照明效率较高。由于紧贴顶面，其造型设计会受到一定的限制，因而实用性略强于装饰性（图2-91）。

（2）垂吊式灯具。垂吊式灯具是一种历史悠久的灯具，它利用杆、管、链等构件将光源从顶面垂下，从而达到照明的目的。由于悬置在半空中，垂吊式灯具有较大的表现空间，且近距离内通常不会有其他的装饰品，因此对其装饰性有着较高的要求（图2-92）。

图2-91　吸顶式灯具

图2-92　垂吊式灯具

（3）附墙式灯具。附墙式灯具位于墙面上，通常作为辅助光源。由于附墙式灯具的安装高度与人眼比较接近，为避免眩光，外部材料通常具有柔光效果，或带有遮光结构（图2-93和图2-94）。

图2-93　附墙式灯具1

图2-94　附墙式灯具2

（4）隐藏或嵌入式灯具。隐藏式灯具是指隐藏在居室的装饰结构之后，使其光亮从遮挡物的侧面或缝隙透出的一种灯具。隐藏式灯具光线自然而柔和，给人以温馨之感，往往需要与吊顶、墙体造型、装饰性家具等相结合（图2-95）。

嵌入式灯具是指将灯具嵌入顶面、地面或墙壁中，不突出于安装平面的灯具。嵌入式灯具造型简洁、利落，不占用空间，是一种实用性较强的照明灯具（图2-96）。

图 2-95　墙体中的隐藏式灯具

图 2-96　顶面的嵌入式灯具

（5）活动式灯具。活动式灯具是可以根据实际使用情况进行灵活设置的灯具，如台灯、落地灯等（图 2-97 和图 2-98），照明范围较小，通常用于局部照明。活动式灯具的造型通常美观多样，是突出居室风格的重要元素。

图 2-97　台灯

图 2-98　落地灯

课堂互动

在日常生活中，你还见到过哪些造型独特的灯具，将你的发现分享给全班同学。

2. 照明方式

（1）整体照明。整体照明也称基础照明，是指利用顶部光源照亮大范围空间的照明方式。整体照明可以是直接照明（图 2-99），也可以是通过界面反射形成的间接照明（图 2-100）。

（2）局部照明。局部照明是指在整体照明的基础上，为需要高照度的局部区域设置特定灯具的照明方式，如在卧室床头和书桌上设置台灯（图 2-101 和图 2-102）。需要注意的是，局部照明不能对整体空间形成干扰，区域的亮度与空间的整体亮度之比应保持在 3∶1。

（3）装饰照明。装饰照明是指综合利用灯具本身的造型特色或灯光效果打造空间美感的照明方式。由于装饰照明不仅有装饰作用，还兼具一定的功能性，因而在设计中应进行综合考量（图 2-103）。

图 2-99　整体式直接照明

图 2-100　顶面漫反射间接照明

图 2-101　卧室床头局部照明

图 2-102　书房书桌局部照明

（4）重点照明。重点照明是指对空间中的绘画、雕塑、绿植等陈设进行重点照射，放大其造型特点，是使其更加醒目的照明方式（图 2-104）。为了能够凸显被照物的色泽、立体感等特征，重点照明有较高的照度要求，因而需要注意避免物体反射眩光。

图 2-103　具有装饰作用的灯带

图 2-104　墙上装饰画重点照明

3. 照明的作用

（1）对空间界面的装饰和调节。灯光对空间界面的调节就是通过灯光的虚拟效果在视觉上改变原有界面的空间、比例、形状和色彩等形态特征。

（2）对材质和肌理的强调。灯光可以突出某些装饰元素的质感、肌理和色彩，给人带来更加鲜明的视觉感受。

（3）对空间层次的丰富。同一空间不同强弱的灯光和不同空间的冷暖变化的灯光相互交织在一起，可以突出材质丰富的肌理与颜色变化，给空间带来丰富的变化，有利于空间的相互渗透、转换和过滤。

（4）营造模糊空间氛围。在灯光的作用下，室内空间的点、线、面、体之间的关系就可能模糊，形成一种模糊界限的空间。

微课：照明的配光方式及布局形式

微课：光源类型及照明器

微课：居室各空间照明设计

2.3.3 色彩设计

一、色彩设计的原则

1. 满足功能需求

使用功能不同的空间，对色彩的需求也各不相同。设计师应根据空间的性质选择适当色彩，从而对居住者的生活产生积极影响。例如，用低纯度的色彩装饰私密空间，能够给人带来平和、安定之感（图 2-105）。

2. 美化空间

居室空间的色彩设计应符合色彩的基本原理及空间构图原则。例如，符合色彩规律的空间配色清爽明丽，使人赏心悦目（图 2-106）。

图 2-105 浅色调卧室

图 2-106 明快可爱的儿童房配色

3. 体现个性化

不同年龄、性别、职业、民族的人，对色彩有着不同的审美取向。在符合总体原则的前提下，应根据不同的爱好和个性进行色彩的选择，从而使居住者感到满足、愉悦。例如，儿童喜爱活泼、明快的亮色（图 2-107），而中老年人更偏爱稳重、典雅的色彩（图 2-108）。

微课：民族自信——中国传统建筑色彩观

图 2-107　鲜艳的儿童房

图 2-108　大地色系客厅

思想提升

【知识点】中国传统建筑色彩观

"彩色之施用于内外构材之表而为中国建筑传统之法。虽远在春秋之世，藻饰彩画已甚发达，其有逾矩者，诸侯大夫引以为戒……"从梁思成先生在《中国建筑史》中对于中国传统建筑彩色之施用的论述可见中国建筑虽名为多色，但建筑施色却重在有节制地点缀，气象庄严，雍容华贵。"色调以蓝、绿、红三色为主，间以墨、白、黄。凡色之加深或减浅，用叠晕之法。其方法亦自唐至清所通用也。"

【互动研讨】通过学习，讨论分析我国古代各朝代的建筑色彩观是怎样的，各自的特点是什么，有哪些区别，造成这些区别的主要原因有哪些。进一步讨论，中华民族的审美观是怎样的？

【总结分析】建筑装饰色彩基调高度统一，中国古建筑不论色彩多么的大胆、明快、强烈，尽管许多的互补色、对比色会在同座建筑中同时出现，而且对比十分强烈，但这种丰富的建筑施色法既和谐又赏心悦目，耐人寻味。

二、色彩设计的方法

1. 确定基调

色彩中的基调很像乐曲中的主旋律，基调外的其他色彩则起着丰富、润色、烘托、陪衬的作用。确定色彩基调的方式很多，从明度上讲，可以形成明调子、灰调子和暗调子；从冷暖上讲，可以形成冷调子、温调子和暖调子；从色相上讲，可以形成黄调子、蓝调子、绿调子等（图 2-109 和图 2-110）。

图 2-109　蓝色基调给人沉静感

图 2-110　暖色调厨房

73

2. 统一与变化

基调是使色彩统一协调的关键，但是只有统一而没有变化，仍然达不到美观耐看的目的。在居室空间的色彩设计中，一般大面积的色块不宜采用过分鲜艳的色彩，小面积的色块则宜适当提高明度和纯度，这样才能获得较好的统一与变化效果（图2-111）。

3. 色彩与材料的搭配

色彩与材料的配合主要解决两个问题：一是色彩用于不同质感的材料，会有什么不同的效果；二是如何充分运用材料本色，使室内色彩更加自然、清新和丰富。

拓展阅读

同一色彩用于不同质感的材料效果相差很大。它能够使人在统一之中感受到变化，在总体协调的前提下感受到细微的差别，颜色相近，协调统一；质地不同，富于变化。用坚硬与柔软、光滑与粗糙、木质感与织物感的对比来丰富室内环境（图2-112）。

图 2-111　棕色调空间点缀绿色墙面

图 2-112　浅色系的布艺和皮质沙发体现出美式不羁且华丽的特点

设计小技巧

居室空间颜色不宜超过三个色彩，这三种色彩一般按6：3：1的原则进行比例分配，即主色彩：次要色彩：点缀色为6：3：1。例如，墙壁占60%的色彩比例，家具、床品和窗帘占30%，小饰品和艺术品占10%。点缀色虽然是占比例最少的色彩，但往往会起到画龙点睛的作用。

三、色彩在各功能空间中的应用

1. 客厅

客厅在整个空间中起到连接内外的作用，色彩的选择，既取决于风格的表达、主题的表现、业主的喜好，也是人的直观印象。客厅的色彩决定了整个方案的色彩选择与搭配。例如，为了营造客厅温馨的气氛，应采用暖色系为基调，但却不宜采用过于强烈的暖色系（图2-113）；如果业主喜欢冷色调，那么也要冷暖平衡（图2-114）。

图 2-113　暖色基调营造的温馨气氛

图 2-114　冷暖平衡的色彩设计

2. 卧室

卧室是私密性最强的空间，是整个设计中色彩可以有相对独特性设计的空间，但无论如何，卧室的主要功能都是休息，所以色调一定要柔和、温馨、宁静，适宜人休息，不要让人产生焦躁感。例如，儿童房的色彩应该是明快、活泼、充满幻想的（图 2-115），主卧色彩应该是沉稳大气、个性张扬的（图 2-116）。

图 2-115　色彩活泼的儿童房

图 2-116　沉稳大气的主卧

3. 书房

书房是学习、工作的地方，需要营造安静的室内环境，宜选用明快、淡雅的色彩，以利于人们集中精神，特别是带有蓝绿成分的色彩，更可以起到缓解眼疲劳的作用。切忌使用饱和度较高的艳色的拼色，会使整个空间显得杂乱无章，不利于人们工作学习（图 2-117）。

4. 餐厅

餐厅的色彩与客厅的色彩要有延续性，餐厅的色彩体现出餐厅就是客厅的一部分。餐厅一般以明快、温暖的颜色为主，对人们就餐时的心理影响较大，可增加进餐的兴趣。如黄色、白色的搭配会令人感到温和舒适，使进餐者悠然自得。同时，也可以利用灯光来调节色彩（图 2-118）。

5. 卫生间

卫生间空间狭小，色调要明朗洁净，颜色以淡雅为主，如白色、浅绿色、浅蓝色、米黄色等，都是卫生间最常用的色彩。浅色

微课：色彩概述

微课：色彩的运用及配色方法

微课：居室各空间色彩设计

调可以让空间环境达到开阔、轻松、明快、清爽的效果（图2-119）。

图 2-117　色彩淡雅的书房安静且温馨

图 2-118　餐厅对客厅色彩的延续

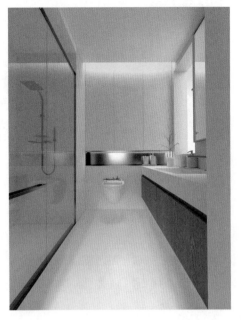

图 2-119　卫生间色彩干净、明快、清爽

课堂互动

你还能想到哪些独具特色的颜色搭配？和同学们分享你的创意。

2.4　施工图绘制与审核

必备知识

完整的施工设计图纸应包括封面、目录、平面图类（原始结构图、平面布置图、地花平面图、天花平面图、天花安装尺寸施工图）、立面图类、大样图类、水电设备图类（弱电控制分布图、给排水平面图、电插座平面图、开关控制平面图）等及各类物料表。施工图的技术要求应严格按照国家或行业《建筑室内装饰装修制图标准》（T/CBDA 47—2021）执行。

设计小技巧

完整的室内设计文件包括封面、扉页、图纸目录、设计说明（施工说明）、设计图样、设计概算书等。其中设计图样包括效果图、总平面图、平面图、顶面图、地面铺装图、设备图、立面索引图、立面或剖立面图、大样图和详图、封底等。当装饰装修工程含设备设计时，图样的编排顺序应按内容的主次关系、逻辑关系有序排列，通常以装饰装修图、电气图、暖通空调图、给排水图等先后为序。标题栏中应含各专业的标注，如"饰施""电施""设施""水施"等。设计概算书包括设计概预算、主要材料清单、主要配套产品清单等。

一、施工图绘制

1. 封面

封面的内容包括名称、图纸性质（方案图、施工图、竣工图）、时间、档号、公司名称等（图 2-120）。

***整体居住空间设计方案

***设计工程有限公司

设计资质证书号：***
项目设计编号：***
设计阶段：施工图

法定代表人：***　　　　　　技术负责人：***　　　　　　项目总负责人：***

202* 年 **月 **日

图 2-120　封面

2. 图纸目录

图纸目录应严格与具体图纸图号相对应，制作详细的索引，以方便查阅（图 2-121）。

3. 设计说明

设计说明主要包括消防规范、施工注意事项、各相关图例解释、通用做法等说明性图纸。

4. 物料表

物料表主要包括材料表、洁具选型、灯具选型、家具陈设选型、门把手选型等。要标明各材料、灯具、家具、五金等的名称（包括正式名称及商品名称）、规格、生产厂商或产地、数量、市场参考价及在空间中的采用部位。

图纸目录

SERIATION 顺序号	DRAWING NO 图纸编号	DRAWING TITLE 图纸名称	SERIATION 顺序号	DRAWING NO 图纸编号	DRAWING TITLE 图纸名称
01		封面	26	L-11	立面图
02		目录	27	DY-01	大样图
03	P-01	原始勘测图	28	DY-02	大样图
04	P-02	拆墙定位图	29	DY-03	大样图
05	P-03	砌墙定位图	30		
06	P-04	平面布置图	31		
07	P-05	立面索引图	32		
08	P-06	家具定位尺寸图	33		
09	P-07	周长与面积统计图	34		
10	P-08	地面布置图	35		
11	P-09	顶面尺寸图	36		
12	P-10	吊顶灯位尺寸图	37		
13	P-11	电路开关图	38		
14	P-12	插座布置图	39		
15	P-13	冷热水示意图	40		
16	L-01	立面图	41		
17	L-02	立面图	42		
18	L-03	立面图	43		
19	L-04	立面图	44		
20	L-05	立面图	45		
21	L-06	立面图	46		
22	L-07	立面图	47		
23	L-08	立面图	48		
24	L-09	立面图	49		
25	L-10	立面图	50		

图 2-121　图纸目录

5. 平面图类

平面图通常比例为 1∶50、1∶100、1∶150、1∶200，尽量少用其他如 1∶75、1∶30、1∶25 等不利于换算的比例数值。平面图中的图例要根据不同性质的空间，选用图库中的规范图例。

1）原始结构图

原始结构图包括主体内容（包括墙位置、梁位置、水管位置、马桶位置、阳台位置、强电箱位置、弱电箱位置、煤气表位置、地漏位置），常见比例，图线（分为粗、中、细三种规格）（图 2-122）。

2）平面布置图（图 2-123）

（1）内容：平面图主要表示建筑的墙、柱、门、窗洞口的位置和门的开启方式；隔断、屏风、帷幕等空间分隔物的位置和尺寸；表示台阶、坡道、楼梯、电梯的形式及地坪标高的变化；表示卫生洁具和其他固定设施的位置和形式；表示家具、陈设的形式和位置等。

（2）一般画法：凡是剖到的墙、柱的断面轮廓线用粗实线表示；家具、陈设、固定设备的轮廓线用中实线表示；其余投影线用细实线表示。

（3）标注：在平面图中应注明各个房间的名称；房间开间、进深，以及主要空间分隔物和固定设备的尺寸；不同地坪的标高；立面指向符号；详图索引符号；图名和比例等。

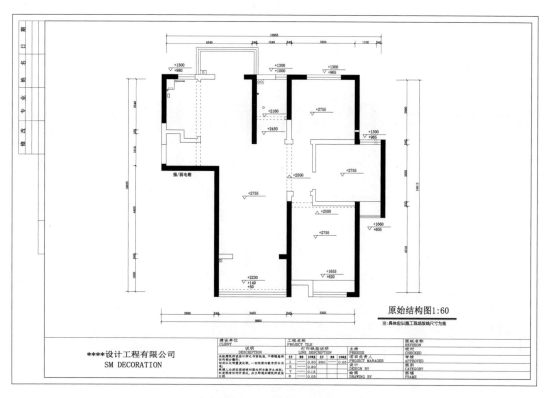

图 2-122　原始结构图

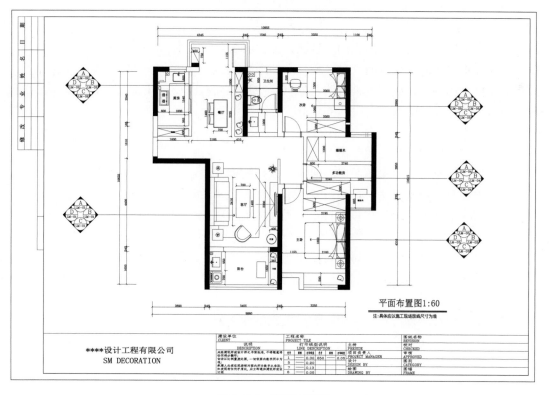

图 2-123　平面布置图

3）地花平面图（图 2-124）

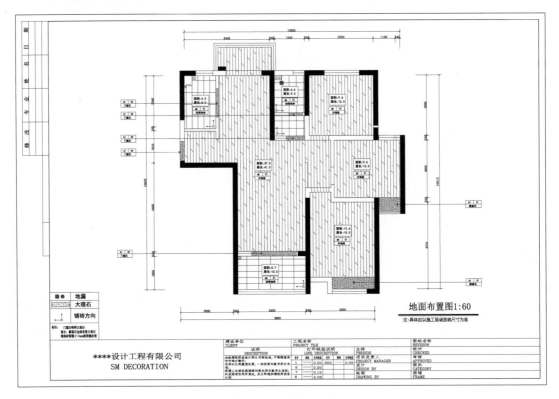

图 2-124　地花平面图

（1）用不同的图例表示出不同的材质，并在图面空位上列出图例表。

（2）标出材质名称、规格尺寸、型号及处理方法。

（3）标出起铺点，确定起铺方法及依据，注意地面石、波打线、地脚线应该尽量做到对线对缝（特殊设计除外）。

（4）标出材料相拼间缝大小、位置。

（5）标出完成面标高（用专用标高符号）。

（6）地面铺砌形式可参照图库的地花、波打铺砌方法。

（7）地面材质铺砌方法、规格应考虑出材率，尽量做到物尽其用。

（8）特殊地花的造型须加索引指示，另做放大详图，并配比例格子放线详图，以方便订货。

（9）当出现有造型的地面拼花时要注明"现场地花放线需由设计师审核确认"。

4）天花布置图和灯具定位图（主要表示天花标高、材质、各设备内容等）（图 2-125 和图 2-126）

（1）天花表面处理方法、主要材质、天花平面造型。

（2）天花灯具布置形式。

（3）空调的主机及出、回风位置，排气设备位置。

（4）窗帘盒位置及做法。

（5）伸缩缝、检修口的位置，文字注明其装修处理方式。

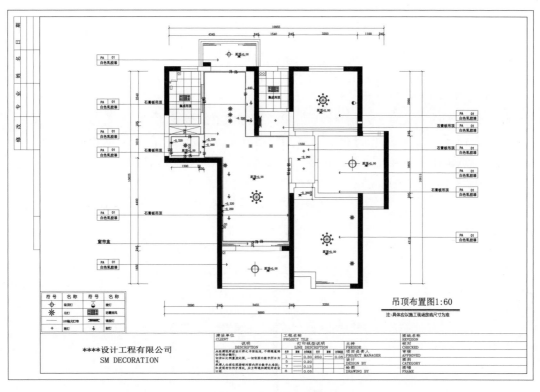

图 2-125　天花布置图

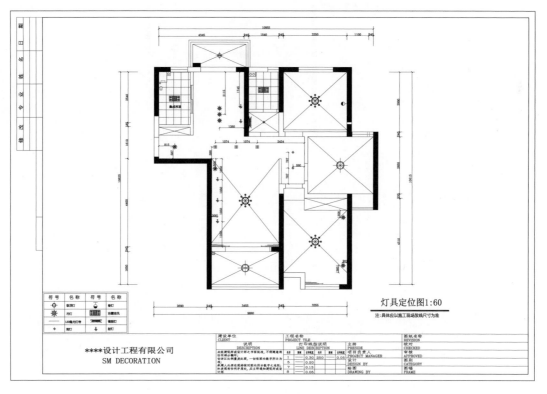

图 2-126　灯具定位图

（6）中庭、中空标高位置。

（7）根据特定的智能系统资料，给天花安装的设备定位。

（8）以地面为基准标出天花各标高（专用标高符号）。

（9）造型的天花须标出施工大样索引和剖切方向。

5）开关平面图（图2-127）

（1）根据平面、立面、天花光源所示的位置画出电气接线图。

（2）普通开关的高度为1300mm，在图标上方应注明开关的高度（以开关中线为准）。

（3）用点画线表示，注意线路接线要与灯具图例有明显的区分。

（4）感应开关、电脑控制开关的位置要注意其使用说明及安装方式。

（5）开关的位置选择要从墙身及摆设品作综合的考虑，尤其是长期裸露的开关位，其位置的美观性要详加考虑（要与立面图对应）。

（6）开关横放和竖排都应按实际使用再作调整，与墙体达到美观协调。

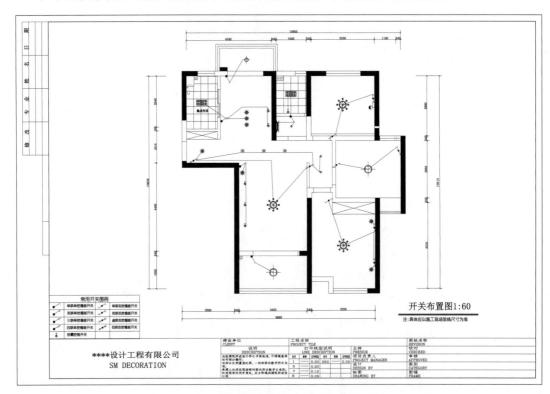

图 2-127　开关平面图

6）插座平面图（图2-128）

（1）在平面图上用图例标出各种插座，并标出各自的高度及离墙尺寸。

（2）普通插座（如床头灯、角几灯、清洁备用插座及备用预留插座）高度通常为300mm。

（3）台灯插座高度通常为750mm。

（4）电视、音响设备插座高度为500~600mm（以所选用的家具为依据）。

（5）冰箱、厨房预留插座高度为1400mm。

（6）分体空调插座的高度为 2300~2600mm，通常安装在天花板底以下 200mm，如做暗装空调，高度须按此处造型高度另定。

（7）若预留的插座附近有开关，应说明与此位置的开关高度相同，统一为 1400mm。

（8）弱电部分插座（如电视接口、宽带网接口、电话线接口），高度和位置与插座相同。

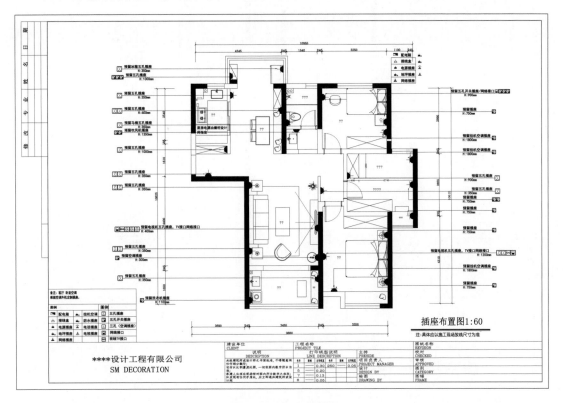

图 2-128　插座平面图

7）给排水平面图（图 2-129）

（1）给排水说明放在给排水平面图前面。

（2）按国家给排水设计相关规定进行编写设计规范。

（3）根据平面标出给水口、排水口位置及高度，根据所选用的洁具、厨具定出标高。

（4）地漏的位置要注意原有排水管位置，要考虑排水效果。

（5）要标出空调的排水走向。

（6）给排水位的设定要注意原有建筑所提供的水管位置，要注意考虑去水位的坡度及地面填充台高度标注。

（7）因设计所需改动的排污位置，要充分考虑好排污斜度及现实可行性，再作出肯定的修改措施。

6. 立面图类

立面图又称墙柱面装修图，是在与房屋立面平行的投影面上所作房屋的正投影图（图 2-130）。

（1）内容：墙柱面造型的轮廓线、壁灯、装饰件等；吊顶天花及吊顶以上的主体结构；

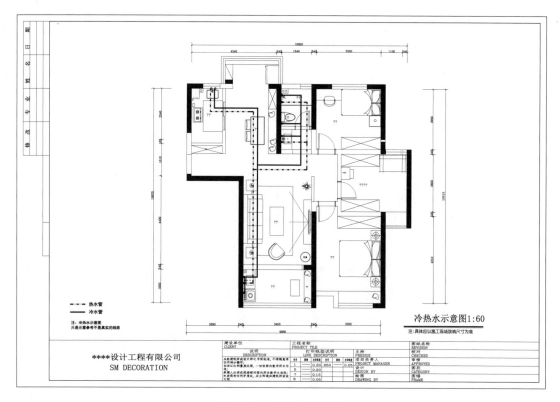

图 2-129　给排水平面图

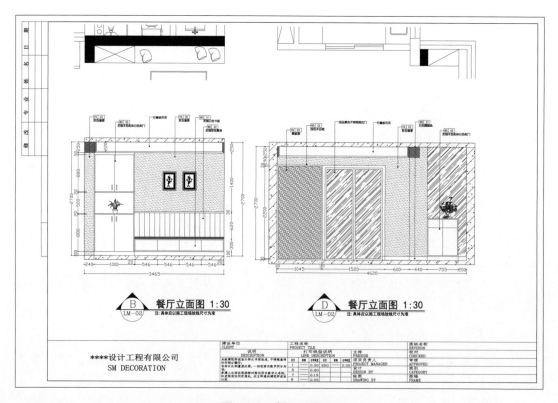

图 2-130　餐厅立面图

墙柱面饰面材料、涂料的名称、规格、颜色、工艺说明等；壁饰、装饰线等造型定形尺寸、定位尺寸；楼地面标高、吊顶天花标高等；详图索引、剖面、断面等符号标注；立面图两端墙柱体的定位轴线、编号。

（2）画法：立面图的最外轮廓线用粗实线绘制，地坪线可用加粗线（粗于标注粗度的1.4倍）绘制，装修构造的轮廓和陈设的外轮廓线用中实线绘制，对材料和质地的表现宜用细实线绘制。

（3）标注：纵向尺寸、横向尺寸和标高；材料的名称；详图索引符号；图名和比例等。

（4）室内立面图常用的比例为1:20、1:25、1:30和1:50。

7. 大样图类

大样图是室内设计中重点部分的放大图和结构做法图。一个工程需要画多少张大样图、画哪些部位的大样图，要根据设计情况、工程大小及复杂程度而定（图2-131）。

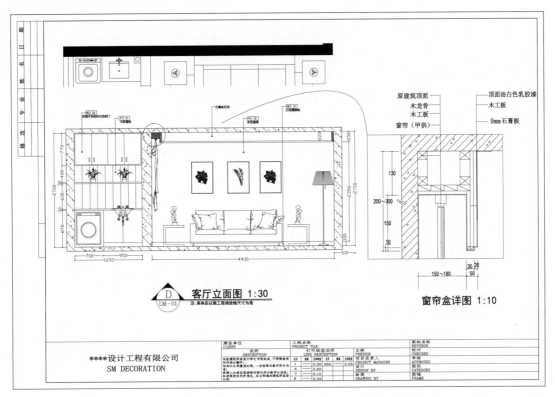

图2-131 客厅施工大样图

（1）大样图的常用比例为1:20、1:10、1:5、1:2、1:1。

（2）有特殊造型的立面、天花均要画局部剖面图及大样图，详细标注尺寸、材料编号，材质及做法。

（3）反映各面本身的详细结构、材料及构件间的连接关系和标明制作工艺。

拓展阅读

（4）反映室内配件设施的安装、固定方式。

（5）独立造型和家具等需要在同一图纸内画出平面、立面、侧面、剖面及节点大样。

85

（6）剖面及节点标注编号用英文小写字母表示，并为双向索引。

（7）所有的剖面符号方向均要与其剖面大样图一致。

知识链接

图样的分类

1. 方案设计图

方案设计图即设计草图，需要解决的是如何根据设计要求来合理地分隔空间，实现相应的功能需要，同时又能清晰、明确地表达出自己的设计理念。

2. 技术设计图

技术设计图是对方案设计进行深入的技术研究，确定有关的技术做法，使设计进一步完善。这个时候的设计图要给出确定的度量单位和技术做法，为施工图提供准备条件。

3. 施工图

施工图要按国家制定的制图标准进行绘制。施工图中应详细地绘制出各个部位的尺度，如长、宽、高的具体尺寸，以及所选用的材质、颜色、施工工艺，作为实际施工的依据。

4. 竣工图

竣工图即工程竣工后按实际绘制的图纸，反映了工程施工阶段增加的工程和变更的工程内容。如果是在施工图上改绘的竣工图，则必须在施工图的相应位置标明变更的内容及依据；如果是在结构、工艺、平面布置等方面有重大的调整，或是修改的部分超出图纸的1/3，就应当绘制新的竣工图。竣工图应该是新的蓝图，出图必须清晰，不能使用复印件。

二、图纸的审核

为确保设计成果的质量，必须经过一定的严格的审核程序才能正式提交。通常一个专业设计公司的图纸审核程序如下。

（1）制图员在确认无错漏后进行黑白打印，打印图纸比例与图纸填写比例应一致。打印后用铅笔把自审的错误修正，包括图示是否符合公司内部图纸规范的各项规定，以及是否符合设计师初稿。修正签署后的图纸再连同设计师初稿一起交项目组审核。

（2）设计助理用红色笔审阅修正，包括审核图示是否符合公司内部图纸规范的各项规定，是否符合设计师初稿，对材料、尺寸的标注是否正确，图例表达是否符合标准规范等，同时进行相应修改或标注，签署后提交设计师审阅。

（3）设计师用蓝色笔审阅修正，在设计助理审核的基础上进行审核，并对材料搭配，尺度比例，图纸的平、立、剖面关系，节点大样及方案等进行相应系列修改或标注，签署后提交项目经理审阅。

（4）项目经理会同设计组成员一并到现场进行详尽地校对并修改图纸，现场校对是检验设计成果的最有效的方法，项目经理应认真地安排充足及有效的时间，在现场记录所有图纸与核对现场的偏差，减少二次失误的发生，并用绿色笔在图纸上作出谨慎详尽的修改。如项目现场暂不存在，应以原有建筑结构图作为现场度量尺寸图，详细审阅设计师前期创意成果、创作手稿复印件，并重点检查设计空间的功能合理性、设计技术的合理化应用、图纸图例的准确性应用、绘图的机械性失误、图纸的整体关联性错误等，审核后提交设计总监终审。

（5）设计总监用绿色笔对图纸的最终可实施性进行审核，对项目的总体出品进行把控。

（6）初稿审阅完成，项目经理组织有关人员进行技术研讨，并进行相应地修改制作。

课堂互动

请同学们以小组为单位，分组模拟装饰公司图纸审核流程。

小贴士

图纸作为项目成果文件收入档案文件夹，中途不能遗失。设计师原手稿由项目组收集保管，以备核对，当项目制作完成时应存档。所有审图、修改、制作图工作均应认真严谨，不能草率马虎。参与审核图纸的人员最后都要签名并署上日期。初稿审阅工作是最重要的环节，是减少作品失误最有效的措施，各级成员应充分慎重。

思想提升

【知识点】严谨务实的科学精神

梁思成是享誉中外的建筑学家，开创了我国建筑学系，在建筑学的教育方面作出了重要贡献。他一生坚守着在建筑方面的初心，即对"中"的坚守、对"新"的追求，这便是他的"中而新"思想。梁思成将一生都奉献给了中国古建筑的保护和修复工作，并通过传授古建筑知识为国家培养了大量的专业技术人才。

微课：科学精神——
大师风范梁思成

【互动研讨】梁思成先生的主要成就包括哪几个方面？我们在校学生要从梁思成先生身上学习哪些精神？

【总结分析】深厚的爱国主义情怀、知难而进和艰苦奋斗的精神、严谨务实的科学精神。

项目小结

本项目重点讲述居室空间规划、色彩、材质、照明等的一般规律，要求学生掌握设计图纸表达的一般方法。本项目通过实际项目的引导，让学生懂得设计表达所要求的图纸内容，让学生的专业认识由感性过渡为理性设计，为今后的专题设计打好基础。

1. 案例导入、问题导入

（1）居室设计工程中，哪些设计步骤可以合并？哪些地方需要重点设计？

（2）在空间的种类与分隔限定的方法中，应该注意哪些实际技术上的问题？

（3）通过在约公元前 15000 年穴居在洞窟中，以狩猎为生的先辈们在洞窟的石壁和顶棚上用色彩描绘了与人类息息相关的动物壁画来引出色彩的悠久历史。

（4）一张正常规格的黑胡桃木板，作为背景墙面分隔造型，如何设计造型尺寸才能充分地运用材料？

2. 练习题

（1）草图表现及图解分析的训练，以设计语言的形式表达出来。

（2）拟定不同居室空间类型的空间结构进行分隔与组织，重点练习空间布局划分及内部空间的不同处理手法。

3. 项目实施与评估

根据项目内容安排，评价学生的设计草图绘制，改正错误之处并示范正确的方法；采用模拟形式让学生角色互换，互相评价。

4. 项目规范及制作方式

按照设计施工图纸的内容及顺序设计方案。由于设计的过程是一系列的创作及表现活动，本项目只要求学生掌握项目制作流程及设计的表达方式，其他内容根据本课程教学进度设定。

5. 职业技能等级考核指导

"1+X"室内设计职业技能等级证书（中级）理论知识考核。

（1）室内空间组织与设计、室内色彩与照明设计、室内设计的材料与构造 20%。

（2）设计手绘知识、方案设计知识 10%。

（3）室内设计施工图制图规范相关知识 20%。

"1+X"室内设计职业技能等级证书（中级）技能操作考核。

（1）图纸完成度及完整性、空间各部分尺寸合理性、线条的应用准确性、字体、剖切和索引符号、尺寸标注等注释系统的准确性、布局制图、出图 70%。

（2）透视线条准确、透视比例恰当、色彩搭配合理、按照平面图布局，对空间表达的综合表现力 30%。

项目描述

　　要实现一个好的设计创意，不仅需要丰富的空间想象和人文精神，而且还需要科学的施工技术作为其基本保障。在项目施工前，设计师须向施工单位进行设计意图说明及图纸的技术交底，做好与建筑设计及通风、水、电、消防等设备的衔接。在工程施工期间，设计师需按照图纸要求核对施工实况，根据现场实况及时对图纸的局部作相应的修改或补充。工程竣工与验收是一项系统而复杂的多方参与的综合性工作，也是检验设计和施工质量的关键步骤，意味着此项工程项目已经按照设计施工图纸要求和设计要求全部施工完毕，具备交付使用的条件。

知识 目标	（1）了解设计师需要具备的基本素质 （2）掌握施工基本流程 （3）掌握各工种施工规范和验收标准
能力 目标	（1）能对项目施工现场进行管理 （2）能会同业主、工程监理、施工负责人对工程设计和工艺质量进行验收
素质 目标	（1）培养学生解决问题的逆向思维能力 （2）培养学生敬业精神和团队意识 （3）培养学生精益求精的工匠精神
工作 内容	（1）完成项目现场施工工艺监督及修改 （2）完成项目验收
工作 流程	现场施工工艺监督、图纸修改补充→项目竣工验收
岗课 赛证 融通	1. 室内设计师岗位技能要求 （1）能对设计图纸进行交底 （2）能按室内装饰工程施工原则对施工流程及顺序进行合理安排 （3）能按照设计标准对室内装饰分项和分部工程进行检验 （4）能按照相关规范绘制竣工图 ➤ 对接方式： 　施工基本流程、施工规范和验收标准

续表

岗课 赛证 融通	2."1+X"室内设计职业技能等级标准（中级） （1）装饰工程施工质量验收标准 （2）室内装饰工程施工技术知识 （3）室内设计规范和标准知识 （4）设计项目管理知识 ➤ 对接方式： 施工基本流程、施工规范和验收标准
评价 标准	（1）图纸交底的准确性20% （2）施工流程的合理性30% （3）竣工验收的规范性20% （4）竣工图纸的准确性30%

思维导图

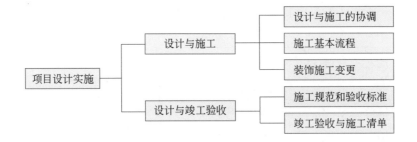

案例导入

本项目为某业主为母亲购置装修的房子（图3-1）。

图3-1　现场施工与实景照片

案例分析

　　由于该房子是业主为母亲准备的住所，所以设计师前期积极与业主的母亲进行沟通，对业主的母亲的要求反复确认，将图纸修改得更完善。现场施工时，设计师经常在工地现场对设计跟进，根据现场实况对图纸进行局部修改和补充。竣工验收后，业主及其母亲都比较满意最终效果，设计与结构也较符合老年人的居住习惯，居住体验较好。

3.1　设计与施工

必备知识

　　设计施工阶段也是工程的施工阶段。施工是实施设计的最终手段，施工质量又直接关系到设计的最终目的，不可忽视。

一、设计与施工的协调

1. 设计师应具备的素质

　　（1）作为设计师，必须把设计能力放在重要的位置。首先，构思，构思是设计创造的源泉与基础，作为设计师，只有学习和掌握了设计的多种思维方法，才能在设计过程中得心应手；其次，设计师还应使用计算机进行辅助设计，掌握用计算机绘制设计图、施工图和效果图的技巧。

　　（2）创新能力是设计师提高设计水平的关键，设计师必须有独特的素质和高超的设计技能作为其基本保障。设计师对任何设计都应认真总结经验，用心思考，反复推敲，吸取优秀设计精华，实现新的创造。

　　（3）协调能力。协调设计师与客户、设计与施工、施工与材料等之间的关系。

　　（4）在抽象的设计变成具体的实体施工的过程中，可能会出现设计中被忽视或考虑不全面的问题，调整或变更是不可避免的。因此，设计师必须到施工现场深化与改进自己的设计并进行现场指导。

小贴士

　　协调能力是设计师的必备能力之一。施工过程中，设计师不仅要做好与施工方之间的沟通交流，还要协调好施工方与业主之间的关系，使业主能够放心地将工程交给施工方，并保证施工方能够按时收到工程款。设计师是项目的牵头人，最了解施工流程及整体进度，因此应当负起全面把控装修项目的责任。

2. 设计与施工的协调内容

　　（1）技术交流。装修工程开始施工时要求设计师与施工方做技术交流，介绍设计意图、装饰特点、施工要求、技术措施和有关注意事项。同时，要求施工方审核图纸并提出意见和建议。

（2）细节检查。检查图纸是否正式签署；检查各施工图有无矛盾；检查材料来源有无保证，能否代换；检查新技术、新材料的应用有无问题；检查是否存在不便于施工的技术工艺问题；检查是否存在容易导致质量、安全、装饰费用增加等方面的因素存在；检查管道、线路、设备等相互间有无矛盾，布置是否合理；检查防水消防、施工安全、环境卫生、垃圾处理等有无保证。正式确定图纸包括吸收施工方的合理意见，由设计师对图纸做必要的补充和修改。施工中发生设计变更时，请设计师到现场参与必要的指导。

知识链接 🔗

装修工程施工概预算

1. 装修工程概预算构成要素

装修工程费用由工程直接费、企业经营费及其他费用组成。

（1）直接费：直接费包括人工费、材料费、施工机械使用费、现场管理费及其他费用。

（2）企业经营费：是指企业经营管理层及建筑装饰管理部门，在经营中所发生的各项管理费用和财务费用。

（3）其他费用：主要有利润和税金等。

2. 工程概预算核定步骤

（1）熟悉施工图纸，了解施工工艺、构造及材料等。

（2）计算工程总量、计算企业经营费及其他费用（利润、税费等）。

（3）列出工程概算清单。

课堂互动 👥

施工过程中预算超支，设计师该怎么办？

二、施工基本流程

居室空间的施工过程，基本上会涉及所有的工种，对各个工种之间的配合程度也有较高的要求。设计师、施工队与业主之间应密切配合，共同努力，以达到最佳的施工效果（图3-2）。

1. 拆除阶段

拆墙和砌墙是对原建筑的基础改造，将不需要的墙体拆除，砌筑新的墙体（图3-3和图3-4）。

2. 水电改造

完成墙体工程后，应根据施工图中的电力系统和水路系统图，铺设各种管线（图3-5和图3-6）。如果住宅选择安装集中式空调系统，还需要提前铺设空调管线，安装空调主机、室外机。

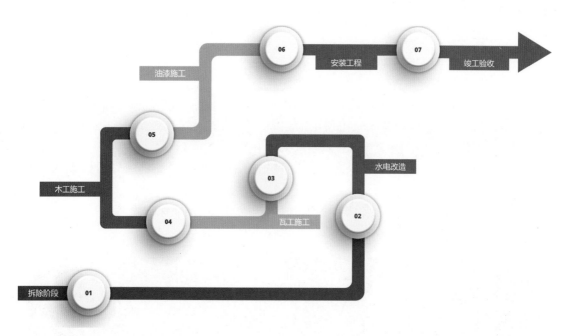

图 3-2　施工流程

图 3-3　拆墙

图 3-4　砌墙

图 3-5　电路铺设

图 3-6　水路铺设

3. 瓦工施工

（1）水电改造完工后，对墙面水电开槽预埋管线进行封闭，对垂直度和平整度较差的墙地面、阴阳角不正的位置用水泥砂浆抹灰找平。

（2）确认烟管和下水管无渗漏后，对管道进行包管封砌，卫生间砌壁龛（若木工阶段前已完成包管，可直接封砌）。

（3）厨卫涂刷防水，防水干燥后做闭水试验（图 3-7）。

（4）厨房先贴墙砖，后贴地砖；卫生间先贴地砖，后贴墙砖；最后铺贴大地砖（图 3-8）。

（5）瓷砖干透后进行美缝或勾缝处理，清理好地面并覆地面保护膜。

（6）对墙面的水电走线粘贴标识线，避免后期施工误伤。

图 3-7　闭水试验　　　　　　　　　　　　图 3-8　瓷砖铺贴

4. 木工施工

木工阶段是整个装修过程当中的重要阶段之一，木工装修会影响室内装修的整体效果（图 3-9 ~ 图 3-11）。

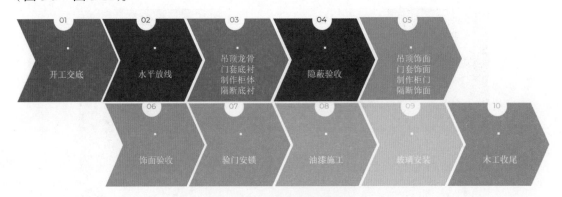

图 3-9　木工施工流程图

图 3-10　吊顶施工

图 3-11　背景墙施工

5. 油漆施工（图 3-12）

（1）处理墙面基层。处理墙面基层，这个在刷油漆步骤里是非常重要的，马虎不得，若墙面的基层处理没有做好，则会影响后面的工序，因此在刷漆前必须将基层弄得平整干净。此外，由于大多数的毛坯房都不平整，所以还须进行找平和清洁工序，在刷漆墙面的时候要除去旧的漆。

（2）涂刷油漆。在涂刷油漆的时候，要复补腻子，腻子干后用细砂纸磨光，清除表面灰尘；接着上第二遍油漆，磨光后再清除表面灰尘并用水砂皮进行水磨，修补挂油的部分，上第三遍油漆即可。

（3）刷完阴干。在刷完油漆后记得阴干，从表面干燥到实干大约三个星期。通常情况下，油漆不建议在下雨天刷，特别是要避开江浙一带的梅雨天，因为空气湿度大很容易造成油漆和被刷物之间形成水汽夹层，造成漆面鼓包、脱落。

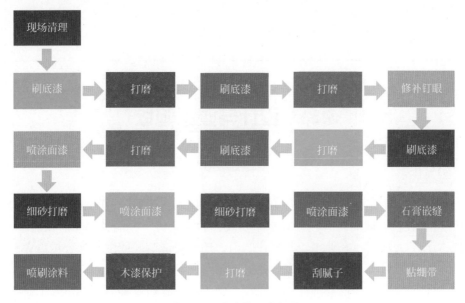

图 3-12　油漆施工流程图

6. 安装工程

油漆施工结束后，便可以开始安装全屋定制、成品门、地板、整体厨房、集成吊顶、灯具、开关面板、洁具、家具等设备，再进行软装部分的施工，最后进行开荒保洁。

微课：家装施工流程

微课：施工过程——3D 动画演示

三、装饰施工变更

施工过程中的调整或变更不可避免，为了保证施工的顺利进行，使业主、设计师和公司等各方面的利益都能得到充分保证，通常会以文字的形式将变更确定下来，而《居室装饰装修工程变更单》正是在这样的情况下产生的（表 3-1）。

表 3-1　居室装饰装修工程变更单

变 更 内 容	原 设 计	新 设 计	增减费用（+/-）

详细说明：

注：若变更内容过多请另附说明
发包方代表（签字）：　　　　　　承包方代表（签字）：

年　　月　　日

3.2　设计与竣工验收

📖 必备知识

竣工验收是整个工程的最后一道工序，能直接反映工程质量的等级。竣工验收主要包括水电管道验收、墙地面砖验收、木制品验收、油漆涂料验收四大部分。在通常情况下，设计的主要任务完成后，在业主正式入住之前，还需要请监理或由装修公司负责，进行完整的竣工验收，只有竣工验收通过之后业主才能入住。

竣工验收时，业主、设计师、工程监理、施工负责人四方都应在场，对工程设计和工艺质量进行整体验收，确定合格后，业主才可签字（图 3-13）。

图 3-13　竣工验收流程图

一、施工规范和验收标准

1. 电工施工规范及验收标准

（1）电工在施工前应熟悉电路施工图纸或业主的要求，确保所有电器、开关、网线的位置正确。

（2）开关、暗盒定位按工程要求必须对称、纵横一致。

（3）购买的所有电线、电话线、电视线、网络线必须达到国家检测标准，杜绝使用不合格产品。

（4）电路开槽布管、穿线、检查并测试。电线接头牢固无松动，用双层绝缘胶布缠紧，并在接头处留有检修口（图 3-14 和图 3-15）。

（5）检查所有灯具的开关是否灵活，插座面板有无松动，杜绝出现导电、漏电现象。

（6）每组电路回路清楚可靠，符合用电要求。火线、零线要分色或有明显标记。

（7）业主验收无问题签字后，用水泥砂浆把所有线槽、暗盒封闭好，以确保后期的正常施工。

图 3-14　标准开槽

图 3-15　电路布管

2. 水路施工规范及验收标准

（1）确定所有洁具的冷、热水位置，冷、热水的出水口弯头距离纵、横必须在同一水平线上，出水口弯头间距不得小于 14.5cm，以便三角阀及水龙头的安装（图 3-16）。

（2）购买的铝塑管或 PPR 管及配件必须达到国家检测标准，杜绝劣质管件进入施工现场，避免隐患。

（3）水路开槽布管及配件接头必须牢固，进行闭水试验，检查是否有渗水现象，如有问题需立即解决，并进行二次检测（图 3-17）。

（4）若无问题请业主验收签字，用水泥砂浆封好所有水管，将现场垃圾清理干净并交付下个班组。

图 3-16　水管固定　　　　　　　　　　图 3-17　闭水试验

课堂互动

水电施工时强弱电线管铺设间距应保持多少距离？

3. 瓦工施工规范及验收标准

（1）为了确保施工进度，瓦工进入施工现场前，所有材料须购买到位，以免延误工期。

（2）瓦工进入施工现场后必须确定所有拆除工程位置（封门、打墙、开门）及粉刷工程的完善。

（3）墙角粉刷必须在一条直线上，墙面粉刷做到平整收光。

（4）镶贴瓷砖需按照室内装饰标准找出地面标高，按墙体面积计算纵、横片数，并弹出水平线和垂直控制线。

（5）瓷砖的排列放置必须注意美观，边角的直条应放在比较陷落的拐角处。

（6）施工前瓷砖必须用水浸泡两个小时（全瓷玻化砖除外），确保所有地漏、下水畅通无阻。

（7）铺贴墙地砖颜色须一致，品种、规格要符合设计要求，不得有裂纹、缺棱掉角等现象（图 3-18 和图 3-19）。

（8）墙地砖与基层应黏结牢固、四角平稳，不得有起翘、空鼓等问题出现，所有出水口及插座开口大小必须符合要求，不得影响整体美观。

图 3-18　瓷砖铺贴

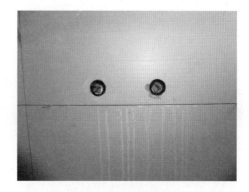

图 3-19　瓷砖开孔

（9）墙地砖砖缝不得大于 1.5mm，勾缝应均匀，施工完成后请业主签字验收，并清理所有瓦工垃圾。

4. 木工施工规范及验收标准

（1）木工进入施工现场后应先熟悉施工图纸，认准所有需做项目，安排好施工顺序，弹出所有房间的水平线（如有吊顶工程应从上而下施工，弹出吊顶标高线和吊点施工）（图 3-20）。

（2）安装石膏板接缝必须留有 3mm 的缝隙，自攻螺丝必须低于石膏板表面。

（3）所有木制品的基层框架尺寸需划分准确。制作必须保持水平垂直，框架平整光滑。

（4）门窗套的制作必须保持水平垂直，底板平整光滑，之后方可涂刷乳胶，刷胶时不得有漏干，以保证面板底层黏合的牢固性。

（5）贴面板时，排钉距离必须一致，贴面板时需使用蚊钉枪。

（6）门套线与窗套线的制作 45° 对角与接口缝必须严密，线条凸出面板的，应用小铁刨子处理平整，处理时不得伤及面板表层。

（7）对家具制作的尺寸划分要准确，以防制作橱门时带来不必要的影响，橱门的边角碰角处必须保持严密（图 3-21）。

图 3-20　天花封板

图 3-21　柜体制作

（8）橱柜内的保护同样重要，须做到无串钉、无毛刺。

（9）橱门安装缝口大小需均匀一致，抽屉内口必须收边无毛刺，所有橱门开关自如，抽屉推拉顺畅。

（10）做好成品保护，不准随手把钉子及施工工具放在做好的面板上，以免有划痕影响整体效果。施工现场必须保持整洁，每天清理一次。

（11）把做好的木制品全部检查一遍，确定无问题后，请业主验收签字。

5. 油漆工施工规范及验收标准

（1）木制品油漆的底层处理程序为清理基层污垢，用 320 号细砂纸打磨，刷底漆一遍，调色泥子，色泥颜色一定要与面层板颜色一致，补钉眼，干透后用砂纸打磨，用棕刷把所有灰尘扫去。刷最后一遍，干透后用细砂纸打磨细微颗粒两三遍。涂刷最后一遍面漆时要用滤网对油漆进行过滤，去除油漆里面的杂质后再涂刷面漆，以确保其表面平整光滑（图 3-22）。

（2）处理墙面与顶面时，需将基层墙面清理铲除，满批腻子两三遍，砂光找补裂迹，砂光平整。

（3）石膏板吊顶自攻螺丝应用防锈漆点刷一遍，然后把所有接缝处及自攻螺丝十字缝磨平（图 3-23）。

图 3-22　木制品油漆

图 3-23　天花补缝

（4）石膏板的边角接缝口应用牛皮纸贴好，贴牛皮纸时阴、阳角必须到位，贴好后用聚酯漆封闭，以防起皮脱落，然后再满批腻子 3 遍并用细砂纸打磨平整。

（5）刷乳胶漆结束后应及时把所有木制品上的乳胶漆清理干净，将现场清理干净，请业主验收签字。

微课：完工验收标准　　拓展阅读

二、竣工验收与施工清单

竣工验收单和工程结算单是工程竣工时办理验收手续的必要文件，标志着整体设计和施工的结束，也是各方面的利益保障（表 3-2 和表 3-3）。

表 3-2 居室装饰装修工程竣工验收单

序　号	主要验收项目名称	验 收 日 期	验 收 结 果

整体工程验收结果

详细说明：

全部验收合格后双方签字盖章：

发包方代表（签字盖章）：　　　　　承包方代表（签字盖章）：

年　　月　　日

表 3-3 居室装饰装修工程竣工结算单

1	合同原金额	
2	变更增加值	
3	变更减值	
4	发包方已付金额	
5	发包方结算应付金额	

发包方代表（签字盖章）：　　　　　承包方代表（签字盖章）：

设计小技巧

涂墙前的工序：第一步，检查墙面误差的大小，对于误差在 5mm 以上的部位应用粉刷石膏进行局部找平；第二步，待石膏干透后，用腻子在墙面上批刮两三遍；第三步，待腻子完全干透后用砂纸打磨平整；第四步，待其他基础工作完工后涂刷乳胶漆。涂刷乳胶漆时必须等基层腻子完全干透后才能涂刷，否则乳胶漆干燥后会出现局部阴圈的现象。在腻子批刮后进行适量的通风，白天通风，晚上关窗。

思想提升

【知识点】精益求精的工匠精神的历史传承与当代内涵

"工匠精神"区别于其他一般的制造作业，主要在于在整个作业过程中精益求精的专业品质。2015 年，中央电视台《大国工匠》系列报道中的 8 位工匠无一不饱含着对产品精益求精的专业品质。周东红，30 年来始终保持着成品率 10% 的纪录，他加工的纸也成为韩美林、刘大为等著名画家及国家画院的"御用画纸"；胡双钱，创造了打磨过的零件百分之百合格的惊人纪录，在中国新一代大飞机 C919 的首架样机上，有很多胡双钱亲手打磨出来的"前无古人"的全新零部件；顾秋亮，全中国能实现精密度达到"丝"级的只有他一人。

微课：工匠精神——
历史传承与创新

【互动研讨】"工匠精神"对于新时代背景下的学科发展和人才培养具有怎样的意义？

在居室空间设计中哪些方面需要传承"工匠精神"？在现代设计中，我们如何将传统工匠精神进行继承与创新？

【总结分析】精益求精、严谨专注、执着不懈、精诚合作。

项 目 小 结

本项目重点讲述居室项目现场施工的主要流程及注意事项，要求学生掌握现场施工的关键事项及竣工验收的施工规范和验收标准。

1. 案例导入、问题导入

（1）在项目施工中，哪些步骤要重点关注？

（2）在现场验收时，需要哪些方面的人员到场？

2. 练习题

（1）实地观摩和调研居室装饰施工过程。

（2）分组收集关于居室装饰施工方面的资料、案例。积累在材料选用、过程组织、流程管理、变更处理、验收规划等相关领域的施工资料，完成实训报告，并与同学展开讨论。

3. 项目实施与评估

采用教师点评、生生互评、企业评价的综合评价形式评估。

4. 项目规范及制作方式

本项目为现场实践环节，具体实践项目规范与设计表达部分结合。

5. 职业技能等级考核指导

"1+X"室内设计职业技能等级证书（中级）理论知识考核。

（1）室内装饰工程施工技术知识 10%。

（2）装饰工程施工质量验收标准 10%。

项目描述

针对四种常见户型的经典案例进行分析，从户型特点和居住人群的属性出发，对户型中存在的典型设计问题和户型改造进行分析研究，使学生能对各类户型空间进行设计分析和定位，正确处理各功能空间关系，使各空间在满足空间使用功能的同时达到美观大方的精神需求。

知识 目标	（1）了解四种常见户型的基本规格 （2）了解四种常见户型空间设计的概念、特点、方法 （3）了解四种常见户型平面布局的思路与方法 （4）了解四种常见户型室内设计的空间组织 （5）了解四种常见户型室内设计的色彩搭配 （6）了解四种常见户型室内设计的界面设计 （7）了解四种常见户型软装搭配技巧
能力 目标	（1）能通过典型案例分析评断设计的优缺点 （2）能合理地进行四种常见户型平面布置图绘制 （3）能正确地运用所学知识进行空间的合理化分隔 （4）能正确地进行空间的色彩搭配 （5）能依据空间布局选择合适的家具 （6）能巧妙地运用材质进行空间潜在划分 （7）能巧妙地运用软装进行空间优化 （8）能熟练掌握与使用最优化四种常见户型设计的方法与技巧
素质 目标	（1）培养学生从客户需求分析出发的设计思维 （2）培养守正创新的从业理念 （3）培养精益求精的工匠精神 （4）培养学生善沟通、能协作、高标准、重创意的专业素质 （5）培养学生与时俱进、关注绿色健康空间设计的素质
工作 内容	（1）学习四种常见户型设计的重点与难点 （2）完成四种常见户型多方案规划 （3）完成四种常见户型实训项目

续表

工作内容	（4）完成四种常见户型实训项目的软装方案 （5）完成图纸绘制及展板设计 （6）完成方案汇报
工作流程	案例分析→任务导入→小组分工→任务实施→评价总结
岗课赛证融通	1. 室内设计师岗位技能要求 　熟知室内设计前期准备、方案设计、方案深化设计、设备协调、设计实施、陈设艺术设计所有工作领域中的工作任务 ➢ 对接方式： 　图纸绘制、方案设计、设计表现 2. "1+X"室内设计职业技能等级标准（中级） 　掌握基础知识、相关知识、设计表达所有项目中的考核内容 ➢ 对接方式： 　空间方案设计、施工图纸绘制、展板制作 3. 环境艺术设计赛项模块 　竞赛总结与展示 ➢ 对接方式： 　四种常见户型项目设计
评价标准	（1）工作能力 30% （2）学习策略 20% （3）作品得分 50%

🖥 思维导图

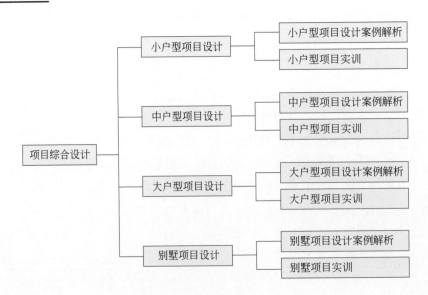

4.1 小户型项目设计

4.1.1 小户型项目设计案例解析

住房是人类生存最基本的需求之一，但是房价急速上涨，中大户型对于普通工薪阶层、刚毕业的年轻人来说成为奢侈品，因此高效、简约、舒适的小户型住宅渐渐受到人们的喜爱，逐渐成为一种时尚的新型城市居住形态，成为一种新的居住文化的物化形式。

小户型目前没有严格规定，比较受人认可的说法是：一居室销售面积在 50m² 以下，两居室销售面积在 80m² 以下都叫小户型，目前主要有 SOLO、SOHO、LOFT、STUDIO、OFFICE、蒙太奇等形式。

小户型居室空间追求的目标是功能全、够舒适、够灵活、精致时尚，不能因为小而牺牲了舒适度和一些基本的功能需求，因此在小户型居室空间使用功能设计中，不能简单化、表面化，要进行整体的规划与设计，合理地确定各部分作用，从而形成丰富的空间层次感。再小的空间也要满足居住者的休息、会客、娱乐、就餐、洗浴、工作等全部基本的生活需求；而且要够舒适，能满足居住者的精神需求。小空间要想满足各种个性化的空间需求，需要灵活的设计，如可用折叠、推拉、隐藏等方式，随时切换空间的使用模式。在进行小户型室内空间设计时，要将以人为本、空间高效利用作为原则，考虑不同群体的特殊要求，将影响室内环境的因素综合考虑，将人对环境的需求与设计规律相结合。

设计小技巧 |

小户型巧用材料

小户型居室空间设计中应合理利用镜面和玻璃材料，这类材料具有扩展空间视觉，以及保证空间通透的作用。镜子的反射、反光的特点具有放大空间的视觉效果，在玄关等处使用镜子能让空间宽敞明亮。玻璃材质轻盈、通透的特点，具有减少空间拥挤感和沉闷感的作用，且玻璃隔断能够保证室内光线充足。

小户型居室空间设计中应充分利用材料本身固有的纹样、图案及色彩，体现材料自身的质感。在材料规格方面，选择较小规格的瓷砖，往往会使空间更加宽敞、大方。

"小户型教科书式突变——85m² 两居室的幸福生活"小户型空间项目设计
案例来源：为睦设计
项目名称：苏州高铁新城
项目地址：苏州
项目性质：私宅
户型面积：85m²
户型格局：2 室 2 厅 1 卫
设计难点：小户型需要设计师更谨慎处理有限空间与实际需求之间的真实矛盾。面对业主们珍贵的"小空间"时，挖掘空间的多种可能性，利用布局考量的重要性，规避"小"的系列隐患，将舒适、整洁、有序潜藏于日常的深处。

问题引入：面对高昂房价，大多数人第一套房只能选小户型。但是很多人在很长一段时间，甚至一辈子都停在原地。小户型很难满足现代人的生活需求，居住者该怎样实现理想生活，不让小户型成为美好生活的绊脚石？小户型也完全不符合设计师"高预算＋大空间＋好材料＝好设计"的创作公式，设计师该用怎样的心态去应对？

一、项目解析

1. 无风格化——纯净质感　全新的空间情绪

大面积运用浅色调（图 4-1），营造更宽敞明亮的视觉呈现，不同的尺寸，不同的空间都显出同一种亲切又纯净的质感。空间的节奏与旋律，游走在居住者的意识中。

采用"无风格化"的设计，反对潮流、风尚、风格的拘束；捕捉居住者的实际需求，提升空间实用性；低调使用原木材质（图 4-2），塑造有关美的最普遍的共感。

图 4-1　大面积浅木色调

图 4-2　浅木色餐桌

2. 去客厅化——重视书房需求　超强隐形收纳

在小户型的设计中，很多设计师可能会过度强调"客厅"功能，忽略居住者隐形的、潜在的需求，这种弊端在日后的生活中将展露无遗。

在经久的生活中，你可能会面临以下难题：在家办公，才发现小空间内并未设计书房；大多数上班族有了孩子后无法成为全职爸爸或全职妈妈，需要老人来帮忙照顾孩子，两居室的小空间更不够用了；而不久的将来，小孩的学习空间在哪里？玩具又该收纳在何处？

带着这些问题，我们尝试用一种"去客厅化"的设计概念，丢掉传统客厅中的电视，将客厅和书房的功能融合在一起（图4-3），把客厅的更多空间释放给未来即将发生的场景，譬如：居家办公，自我学习与思考等。

　　很多房子久住后之所以会显得凌乱，是因为设计前期中并未充分预想到未来会发生的情况，而足够多的收纳空间，会让这种凌乱的概率变得更低。在有限的空间内我们要如何创造更多的收纳空间呢？我们将书桌台面的厚度设置为5cm，以传递视觉上的厚重感。在台面之下，一排30cm深度的隐形柜，在增加收纳面积的同时也给台面起到了结构上的减重作用，从而有效延长台面使用寿命，降低了后期面板变形的风险。隐形的柜门又将强大的收纳"一键隐形"，隐形收纳后的客厅更整洁宽敞（图4-4）。

图4-3　客厅与书房空间共用　　　　　　　　图4-4　加厚的工作台面与超强隐性收纳

3. 斜角设计——过道实现完美动线

　　原户型主卧南北开间太小，小到放一张1.8m的大床后，连双边床头柜都无法放下，而在这么小的空间里，开发商却设置了一个"鸡肋"的衣帽间。为了改善主卧室的使用舒适度，设计师改变了原来的入门方向，通过斜切角的方式，使得过道直冲的弊端有了缓冲，通过将衣柜移位，在解决收纳的同时也扩充了主卧的空间（图4-5）。

4. 空间借让——过道实现完美动线

　　原主卧空间小，开门方向朝南，与床产生较大冲突；原衣帽间面积小到无法按照常规方法做衣帽间。小户型的设计，常常需要为了某区域的功能，从其他地方挤出更多合理的空间。将衣帽间释放一部分空间给北面房间，在主卧购置带抽屉的床，提升收纳性。在床的正对面定做一排55cm的无门把手的白色开门柜，最大化满足收纳需求（图4-6）。

5. 色彩力量——疏密相间　消弭边界感

　　一些若有似无、错落有序的设计线索，在空间内进行连接与分隔，不仅塑造出了私密空间应有的秩序，也为居住其中的人传达出了独一无二的私密语言。色彩打破了空间的单调，注入了恬静安宁的氛围感（图4-7和图4-8）。

图 4-5　斜角过道

图 4-6　卧室衣柜收纳

图 4-7　卫生间效果

图 4-8　色彩打破空间单调

课堂互动

在居室空间设计中如何使用空间处理的手法，使居室空间更加人性化？

二、项目总体规划（图 4-9 和图 4-10）

（1）客厅舍去电视背景墙，设计书桌，小户型空间得到充分利用。

（2）改变原有直冲过道，做斜角过道，解决原卧室面积太小的问题，同时将衣帽间释放一部分空间给北面房间，增加了收纳空间。

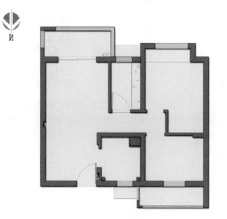

1. 入户门厅　1.2m²
2. 餐厅　　　6.8m²
3. 客厅　　　10.5m²
4. 阳台　　　4.8m²
5. 卫生间　　3.8m²
6. 过道　　　4m²
7. 厨房　　　4.3m²
8. 主卧　　　12.1m²
9. 次卧　　　10.4m²

图 4-9　原始结构图　　　　　图 4-10　平面布置图

知识链接

收纳设计规划的成功，关系到家庭的整洁美观。居家收纳的物品林林总总，按照使用性质大体可分为以下三类。

（1）服装被褥类，包含床上用品、衣物、鞋帽、箱包等。

（2）生活用品类，包含餐饮烹饪用品、卫生清洁用品、娱乐休闲用品和其他生活用品。

（3）艺术展示类，包括艺术藏品、旅游纪念品等。按照收纳空间来划分，可以分为玄关收纳、客餐厅收纳、卧室收纳、厨卫收纳、家务间收纳。

微 课：18m² 极限户型挑战设计

另外，我们经常在书中看到"收纳占比"这个词，它其实是指家中收纳空间的投影面积与房屋套内总面积的比值。房屋面积越小，收纳比值反而应该越大。

三、小户型空间设计思路

1. 细分业主生活模式

不管有什么好的方法、有什么好的材料，设计都是建立在服务于人的基础上的，应以人为本，真切地以业主的生活模式、行为模式、个人喜好为设计基础，每个设计都是独特的。

2. 立体化空间思考

拓展阅读

小户型居室空间的横向面积已经有所限定，因此应从垂直方向上寻找可利用的空间，如尽量在垂直方向上设置尽可能多的收纳空间。可将床设置为位置可上移的，上移高度不同，设计结果不同，上移 800mm 左右，床下有更多的收纳空间，上移 2000mm 以上，床下可以是客厅区域、学习区域、餐厅区域等。除了垂直方向上的设计外，水平方向上更是每部分空间都合理划分、切割，充分利用。

3. "1+1=1" 的思考方式

"1+1=1" 的思考方式是指两个功能空间重叠、共用的设计方式。例如，客厅与卧室应该是两个独立的空间，将两个空间重叠设计，可以是客厅，通过家具的移动、收放，又可以是卧室，将两个功能区设置在一个区域里。

4. 可变空间设计

小户型居室空间设计中非常重要的一点是要具有可变性。可变设计可以实现空间舒适性，满足使用者需要，空间可塑性还可适应家庭成员变化。空间不再是固定的功能空间，而是既可以休息又可以会客的多功能空间。可变空间设计不仅是一种设计方法，也是一种设计思维。

微课：有着无限可能的 26m² 超小户型

小贴士 💡

要实现小户型居室空间的灵活移动、折叠、推拉、旋转、升降等，离不开五金件的支持，如各种类型的滚轮、止滑定向滚轮、蝴蝶铰链、暗铰链、抽屉式拉轨等五金件。

思想提升 ⚙

【知识点】设计师的责任意识

由于当前国内装饰行业竞争大，一些设计师一味地讨好客户，"客户说了算"成为工作准则，只要客户不追究，不出问题就好，不考虑工程实施后的不方便或者浪费问题。这是设计师没有责任担当的表现，更是能力不足的表现。实事求是，客观分析，做好设计，敬职敬业，是一个合格设计师的本分。相反，优秀的设计公司，反而会告诫设计师，要将业主的家当作自己的家去设计。以旁观者或者以"看客"的立场做设计，既是一种消耗，也是一种不负责任的表现。

拓展阅读

【互动研讨】设计师的社会责任意识体现在哪些方面？我们在校生该如何锻炼自己的责任意识？

【总结分析】只有一直保持着责任意识这一服务和设计理念，才能够为客户带来更好的空间体验、审美和装饰效果。

4.1.2　小户型项目实训

一、项目背景

项目来源：名雕装饰海悦新城分公司。

楼盘概况：本项目为广东佛山顺德区大良市中心的海月新城。750m 桂畔海一线江景视野，超 40 000m² 水景园林。

周边配套：配套齐全，沃尔玛、吉之岛、乐购、酒店、银行、健身会所、桂南公园、第一幼儿园、一中附小、顺德一中、顺德李兆基中学等都分布在项目周围。

业主概况：业主是一对注重与孩子互动并建立亲密亲子关系的夫妻，共有两个孩子。

建筑面积：70m²。

风格意向：现代简约。

二、设计准备

房屋现场勘测是房屋装修设计最为关键的第一步。其中包括住宅环境观察、与业主沟通、量房（图 4-11 和图 4-12）。

图 4-11　客厅量房

图 4-12　卧室量房

三、方案设计

经过现场勘测后，需要绘制建筑结构图、平面改造图、平面布置图。本项目在结构上改动较小，主要是拆除了不规则空间厨房中的墙体，拆除墙体后，厨房空间扩大，方便实用（图 4-13~图 4-16）。

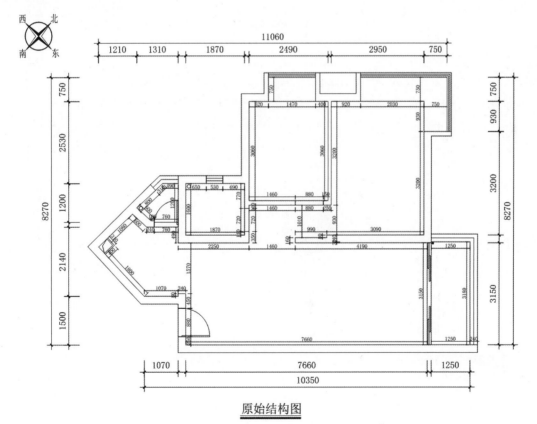

原始结构图

图 4-13　原始结构图

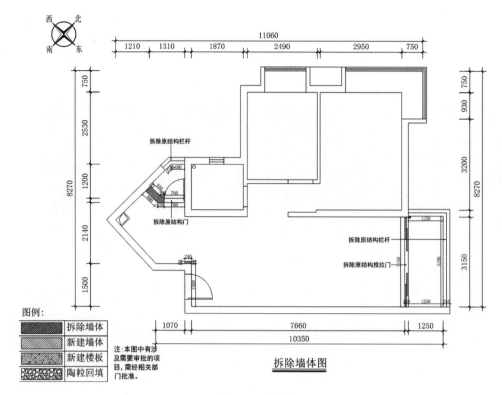

拆除墙体图

图 4-14　拆墙图

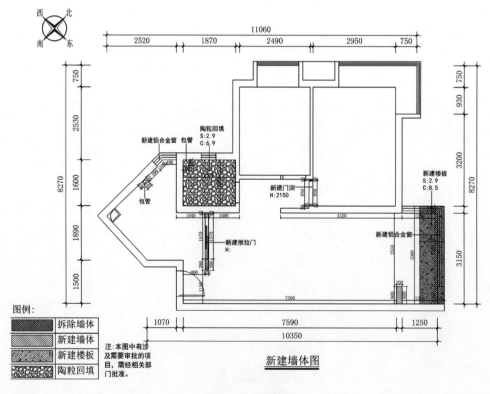

新建墙体图

图 4-15　砌墙图

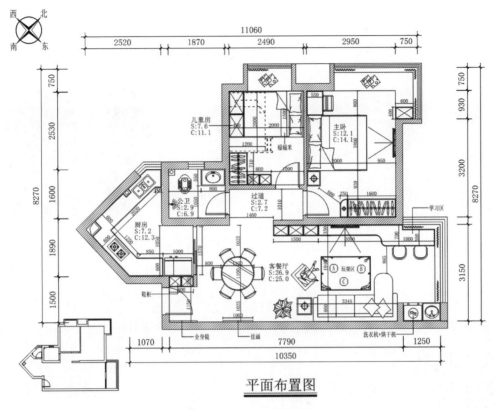

平面布置图

图 4-16 平面布置图

四、设计表现

针对小户型的设计方案，需通过色彩、材料、陈设，以及光影等要素来实现视觉、心理上的空间变大，创造实用、舒适、美观、环保的家居环境。

1. 色彩搭配

以白色为主调，搭配暖色调（图 4-17）。通过空间界面、家具等色彩来带动空间的活力与动感，橙色和棕色的点缀贯穿全屋，游走在沙发、床、装饰画、小饰品上（图 4-18）。儿童房的色彩则符合了儿童的心理感受，活泼可爱。

图 4-17 客厅

图 4-18 主卧

2. 材料选用

布艺（图 4-19）的大量运用，营造出轻松的效果。由于空间面积小，采用镜子（图 4-20）、金属等材质，增强空间开阔性。

图 4-19　布艺沙发

图 4-20　穿衣镜

3. 家具选用

家具在小户型空间中尤为重要。由于空间面积小，宜采用造型简约、轻巧的家具和陈设（图 4-21）。儿童房中要容纳两名儿童，选用了造型有趣的高低床（图 4-22）。

图 4-21　客厅简约家具

图 4-22　儿童房高低床

4. 光影营造

小户型的空间往往承担多种功能，会客、视听、阅读、用餐、烹饪、休息睡眠，内部空间的分隔采用开放式设计，空间秩序的梳理则用灯光来完成（图 4-23）。

图 4-23　局部照明与重点照明

五、任务评价

任务评价见表 4-1。

表 4-1　项目评价表

一级指标	二级指标	评 价 内 容	分值	自评	互评	校内教师	企业导师	业主
工作能力（50分）	小组协作能力	能够为小组提供信息，质疑、归类和检验，提出方法，阐明观点	10					
	实践操作能力	小户型设计方案制订能力	10					
		方案图纸设计、绘制能力	10					
		方案展示能力	5					
	表达能力	能够正确地组织和传达工作任务的内容	5					
	创新设计能力	能够设计出独特的、适合不同业主需求的方案	10					
作品得分（50分）	职业岗位能力	创新性、科学性、实用性	10					
		解决客户的实际需求问题	10					
		客户满意度	30					

六、总结提升

总结提升见表 4-2。

表 4-2　项目总结表

素质提升	提升	
	欠缺	
知识掌握	掌握	
	欠缺	
能力达成	达成	
	欠缺	
改进措施		

【拓展实训】

项目来源：深圳时代装饰股份有限公司

1. 实训题目

深圳玺悦台 8 单元陈女士住宅

2. 完成形式

以 2~4 人为小组共同完成，团队合作。

拓展阅读

3. 实训目标

（1）掌握小户型空间布局设计的思路与方法。

（2）掌握扩大空间、利用空间的方法与技巧。

（3）掌握小户型空间色彩的运用原则。

（4）掌握小户型空间收纳的方法。

4. 实训内容

如图 4-24 所示，建筑面积 85m²，需进行室内设计。

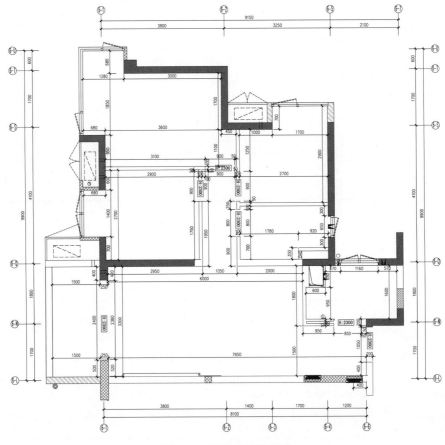

图 4-24　项目原始结构图

5. 实训要求

（1）根据提供的结构图进行设计。

（2）要明确主图，并贯穿整个空间。

（3）平面规划合理、动线合理。

（4）收纳空间设计充分，使用方便。

6. 设计内容

（1）绘制多个平面布局方案草图，优选对比。

（2）绘制思维导图、设计元素，提炼、空间草图。

（3）绘制分析图（功能分析图、动线分析图、色彩分析图、材料分析图）。

（4）设计说明1份。

（5）设计施工图纸（平面、天花、立面、详图）。

（6）空间效果图。

（7）空间预算1份。

（8）600mm×900mm展板2张。

（9）设计小结，总结设计过程中的收获与不足。

4.2 中户型项目设计

4.2.1 中户型项目设计案例解析

住宅面积为90~120m²的户型为中户型，此类居室空间面积常见套型有2室2厅、3室1厅等。户型面积适中，方便实用，居住人群一般为新组家庭或三口之家。其中两室两厅为最常见户型。

中户型的居住设计首先在功能布局方面要明确且清晰，其次要着重考虑实用性，最后要体现居住者的审美情趣。布局以实用为原则，根据家庭人员构成、家庭成员的生活习惯划分所需功能区域，如休息区、起居区、就餐区、收纳区等。为了拓展室内空间视野，提高空间使用率，各功能区域划分既要相互联系，又要保持一定的独立性。中户型居室的客户对象一般为2~3人，审美情趣有一定差异性。设计师应注意采集家庭成员的意见，在共享空间如起居室、餐厅及厨房等，综合家庭成员意见进行设计。私密空间如卧室可以完全根据家庭成员各自的喜好进行设计。在造型设计上应繁简得当、功能齐全，一切从实用的角度出发，充分考虑储藏、清洁、烹饪等功能，生活设施要配置齐全。

知识链接 🔗

居室空间类型区分

一、复式住宅

复式住宅是受到跃层式住宅的设计启发而来的，是由香港建筑设计师李鸿仁创造出的一种经济型住宅样式，类似于以往的"阁楼"。复式住宅在建造中仍是每户占有上下两层，实际上就是在较高的楼层上增加一个1.2m左右的夹层。所以复式住宅内两层层高的总和是大大低于跃层式住宅的层高的，一般来说，复式住宅的层高为3.3m左右，而跃层式住宅层高为5.6m左右。复式住宅隔出来的夹层空间可作为卧室、书房或储藏室，也可作为静态空间供主人休息和储物。下层空间可划分出起居室、厨房、卫浴间等，作为动态空间供主人日常活动起居等，两层用楼梯来联系上下。

设计复式住宅的主要目的是在房内限定的面积中扩充使用面积，以此来提高住宅的空间使用率。所以通常在设计上，一层的房高为正常高度，位于中间的楼板也就是上层的地板，上层会设置为1.2m的层高，因为层高的限制，人是无法直立的，只可坐起，所以床面不可设置过高。这类复式住宅户型的优点主要体现在经济性上，是一种省事、省钱、省料的住宅户型。首先是空间平面利用率高，布局紧凑，通过增加夹层，会使空间可供使用的面积增加50%~70%。其次，复式住宅内的隔层一般都是木结构，易于与室内家具、隔断、装饰融为一体，可依势设置墙内壁柜和楼梯，以此节约建造成本。另外，复式住宅的设计有利于空间的动静分区，保证了位于二层的卧室、书房的安静、隐蔽性。

二、跃层式住宅

跃层式住宅是这些年逐渐流行起来的一种新颖的户型模式，通常来说就是两个标准层的叠加，并在户内建立独立的楼梯连接上下的户型模式。通常这类住宅户型的空间面积较大，有充分空间可供功能划分，此外，由于整个住宅占有两层空间，所以有很大的采光面，不仅保证了日常的采光，通风效果也得到了保证。在空间布局上，一楼往往设置公共活动空间，如起居室、餐厅、厨房等，二楼一般设置私密活动空间，如卧室、客房、书房等，功能分区明确，互不干扰，也保证了私人活动空间的私密性。另外，室内采用独用小楼梯，不通过大楼公共楼梯，受外界影响小。

三、错层式住宅

错层式住宅是这几年在南方地区比较流行的户型模式。这种住宅一般是指居室空间中各功能区（如起居室、餐厅、厨房等）都不在一个平面上，而是各个功能区处在错开的、不同高度的平面上。比如，在起居室和餐厅相互关系的处理中，餐厅可设置在有一定高度的台面上，将餐厅与起居室的功能空间合理分开，中间用几级台阶连接起来，这样的设计既明确了分区又独具匠心。通常来说，错层式住宅各平面的高度差为0.3~0.45m，就是当人站在低层时应可看到高层的地面，错开之处只需用几级楼梯连接上下两层，这样错落有致的设计，能给人带来一种空间的无限丰富感。

与复式住宅和跃层式住宅完全分为上下两层垂直重叠空间有所不同，错层式住宅内各平面并非垂直重叠，而是不等高式地错开。且平面之间高差跨度不大，只需3~5级台阶，老人孩子上下楼更为轻松便捷。同时，与平层相比，空间层次感也更为丰富，能更加明确地区分各功能空间，一定程度上帮助室内动静空间分隔。但是，这种错落式的格局并不利于房屋结构的抗震性。同时，如果布局处理不恰当，会显得整个空间零零散散，稍显混乱。另外，小户型住宅并不适合这种错层式住宅的设计形式，会使空间狭窄局促。

四、LOFT住宅

LOFT一词在英文中是仓库、阁楼的意思，如今演变为指代那些由旧仓库或旧工厂改造而成的，空间中没有内墙隔断、高挑开敞的房屋。LOFT最初诞生于纽约SOHO（South of Houston）区，20世纪40年代，西方许多艺术家由于生活贫困潦倒，所以搬进这些废弃破旧的厂房生活、进行艺术创作，这些艺术家们将这种厂房变废为宝，对空间进行了简单收拾整理，使LOFT逐渐成为一种席卷全球的艺术时尚。到了90年代，这种概念被带到了中国的一线城市，这种新潮的设计也被引用于住宅当中。如今LOFT已经成为一种比较成熟的住宅户型模式。

通常来说，LOFT住宅是指面积为30~50m²的小户型，层高一般为3.6~5.5m，空间高而开敞，上下两层的复式结构，户型中无内墙和障碍物，流动性强，空间透明开放，灵活性高。LOFT住宅有将近5.5m的挑高，高层空间变化丰富，室内无障碍，结构透明，可让住户根据喜好来设计。LOFT空间层次较为分明、立体感强。如果设置隔层，可将动静态生活区分离，保证私密性。LOFT住宅在销售时是按一层的建筑面积计算的，但户主实际的使用面积可增加近两倍，且物业费也只收单层的，所以在使用成本上也减少了生活支出。另外这种充满艺术时尚氛围的 LOFT 空间，更能体现出住户的个性与品位。

"小院子的春种秋收——110m² 老龄房旧貌换新颜"中户型空间项目设计

项目名称：如逸

设计理念：适合妈妈居住的养老房

项目地址：江苏南京

项目性质：老房改造

户型面积：110m²

户型格局：3 室 2 厅 2 卫

设计公司：南京会筑设计

整体造价：60 万元

设计难点：旧房翻新；空间重新划分；在保留老回忆的同时更新空间功能，提升空间颜值。

问题引入：如何从业主的需求出发，满足收纳和操作的需求？原始结构中，厨房需从卫生间穿过，怎样改变结构使空间动线更合理？在风格上需满足两代人的审美需求，如何做到既能保留上一代人怀旧又能体现"90 后"年轻人的时尚需求？

一、项目解析

本项目于南京主城，是束阿姨住了近二十年的居所，承载了许多的回忆和思念，邻里关系融洽和谐，还是一间拥有院子的住宅，因此束阿姨不愿意重新置换，所以选择重新改造升级。

1. 门厅

门厅空间简单而纯粹，梵几的钟锤凳作为入户换鞋凳，高颜值的同时让居家鞋也有展示架。黑胡桃木深沉雅致，纹理清晰且稳定性高，在同等坚韧度的木材中密度较小，比较轻便（图 4-25）。

2. 客厅

以功能为主导，弱化形式，生活也回归朴质简单。客厅以大面积白色为基调，缓解低楼层采光不足的问题，整个空间显得更加开阔明亮（图 4-26）。香格里拉帘既很好地保护了室内的隐私，又可以避免西晒的强光，空间呈现一种秩序美感。书房门采用了极简的隐框门设计，简约而精致。本项目的设计，摒弃繁杂与做作，在片刻的宁静中寻找真实的自我（图 4-27）。

3. 餐厨区

餐厅位于厨房、门厅、卫生间三者包围的动线区域，原始框架介入新的动线关系，视角的切换创造出多层次的空间对话与体验，演绎出丰富多元的生活场景（图 4-28）。顶天立地柜既是厨房橱柜的延伸，补充西厨区蒸烤箱设备的嵌入，同时增加收纳体量。玄关柜

图 4-25　门厅

图 4-26　白色客厅

图 4-27　客厅中书房的隐形门

图 4-28　餐厅

与之合二为一，从侧面进行收纳，方便进门随手摆放包袋、更换家居鞋等（图 4-29）。将北阳台一分为二，二分之一给厨房，空间外扩增加使用面积。西厨顶天立地柜的外延，完全满足束阿姨所需的储物需求，所以舍弃厨房高处使用不便的吊柜，留出空间消除拥挤感（图 4-30）。

4. 卧室

主卧具有强烈秩序感的格栅元素满铺背景，打破了传统概念中的沉闷印象，让简约的空间充盈着丰富的韵律和节奏，洋溢着年轻的朝气活力及对生活品质的追求。从视觉到触觉，不同材质在空间上层层递进，创造了一个自然舒适的睡眠氛围（图 4-31）。业主的儿子是一个典型的完美主义者。次卧完全遵循年轻人的审美与喜好，营造时尚前卫的格调。背景墙通过三种不同的材质色块形成不规则的块面效果，层层递进的立体塑造手法，提升视觉的维度和空间的艺术气质（图 4-32）。美学是生活与艺术的结合，少而精致的陈设，

图 4-29 二合一的橱柜与玄关柜　　　　　　　　图 4-30 厨房

对色彩和空间情绪的精准把握，是对居者生活与审美本质的还原。一个有设计感的简易落地挂衣架，既是装饰又兼具收纳。保留传统木造工艺同时融入时尚现代元素，简洁而质朴（图 4-33）。薄雾吊灯，以晨昏光影为灵感，作为空间里的柔美装饰，为空间渲染唯美的氛围（图 4-34）。北次卧改为独立书房，简练的陈设营造出静谧的思考空间。将客厅与书房共墙做部分拆除，以玻璃材质分割空间，增加客厅的透光性，丰富空间的互动（图 4-35）。客厅的置物层板一直延伸至书房，空间隔而不断。封闭柜和开放展架结合组成书房空间的收纳系统，兼顾储物与展示，开放展架的背景选用雾面光感的镜面打底，空间视觉得以延伸（图 4-36）。

图 4-31 主卧格栅背景墙　　　　　　　　　图 4-32 次卧背景墙

图 4-33　次卧落地挂衣架

图 4-34　次卧吊灯

图 4-35　书房

图 4-36　书房收纳

5. 卫生间

主卫面积不大，只保留台盆和坐便器，阔绰的台面空间可以满足束阿姨的收纳和操作，悬挑的设计减少卫生死角也更具现代时尚感，每个细节都突显居者对生活品质的考究（图 4-37）。北阳台剩余二分之一纳入卫生间，改造后面积得到极大扩充，淋浴间增加了大理石坐凳的设计，减少长时间淋浴带来的不适感。厨房入口更换方向后，原动线区域改造成干区，干湿分离，使用更方便，长虹玻璃既保证了私密性，透光性也更好（图 4-38）。

6. 院子

建筑师梁思成说："对于中国人来说，有一个自己的院落，精神才算是真正有了着落。"一方小院，成了无数人的情感寄托。如今城市愈发繁华，能将情怀安放的地方却寥寥无几。栽花种草，不问喧嚣，春天复苏，夏天生长，在萧瑟的秋天感受丰收的温馨（图 4-39）。

图 4-37　卫生间阔绰台面

图 4-38　卫生间干湿分离

图 4-39　庭院

课堂互动

　　上文项目中的平面规划有可以进一步优化的地方吗？如果让你再设计出一个不同的平面规划方案，你能设计出来吗？

二、项目总体规划

　　原始户型是 3 室 2 厅的边户，户型方正，南北通透，但厨房需从卫生间门口穿梭，北阳台的利用率不高。由于房屋位于一楼，墙体改造尽可能地减少，只做了少许调整（图 4-40 和图 4-41）。

　　（1）改变厨房开门位置，减少厨房与餐厅之间的距离。门厅订制一排收纳柜，集成西厨及玄关柜功能。

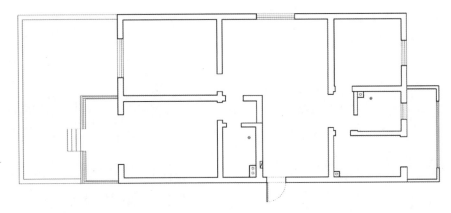

图 4-40　原始平面

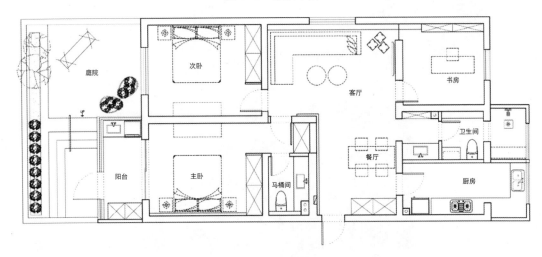

图 4-41　改造平面

（2）北阳台一分为二，一半纳入厨房，一半纳入卫生间。同时干湿分离设计，大大增加了卫生间的使用面积。

（3）北次卧调整门位，同时打通部分墙体改为玻璃隔断，客厅空间的采光得以改善，同时增加了两个功能区域之间的交流和互动。

（资料来源："室内设计联盟网"微信公众号,南京会筑设计 . https://mp.weixin.qq.com/s/vU971Y42xbdEz36X7YfjYw（2022-07-06）[2023-02-20]）

小贴士

旧房改造注意事项

1. 不要把所有的旧家具换掉

旧房改造时，不把所有的家具都换掉，对于那种质量完好，只是表面有些陈旧的家具，那么可以在表面涂刷油漆，或者进行翻新就可以了，能节省很多钱。

2. 不要乱砸房屋结构

很多旧房都存在户型面积小、功能分布不合理、采光不好等缺陷，而且老房子很多都是砖混结构的，墙体改造的时候首先是承重抗震构件，其次才是围护分离构件，要避免打掉承重墙，否则会留下严重的安全隐患。

3. 老化水管、电路一定要换掉

因为旧房原有的水路管线有很多不合理的布局，所以在装修时一定要对原有的水路进行彻底的检查，检查是否有锈蚀、老化的现象。

4. 避免做大吊顶

一般来说，住宅层高净高 2.8m，如果要做一个大吊顶，那么会使楼层更低，过低的室内空间会使室内采光受到影响，增加人们的心理压力，所以普通的住宅是不合适做大吊顶的。

三、中户型空间设计方法

1. 注意功能分区

在设计中要求处理好各功能空间之间的关系，使各功能空间能够最大限度地发挥功能，提高效率并减小内部互相干扰。既要处理好户型内部不同性质的使用空间，以区域的形式加以划分，避免不同性质的生活活动互相干扰，又要使不同空间联系便捷，使用方便。

2. 流线合理

在中户型设计中，除处理好各功能空间的关系外，还要保证室内交通流线便捷，人流互不干扰。即做到家人流线、访客流线、家务流线清晰明确，互不交叉。

3. 尺度明确

空间尺度要符合人的生理和心理需求，太大或太小的房间都会给人的生理、心理带来影响。首先面积与户型房间数要匹配，其次房间形状要方正，长宽尺度要适宜。长宽适宜的房间可以给人以良好的空间感觉，使房间显得宽敞，同时，也有利于室内家具的摆放和装饰布置，提高房间的使用效率。尽量避免设计长条形、刀把形、梯形等异型房间。

4. 注重空间利用

创造舒适实用的室内空间是户型设计的根本。"凿户牖以为室，当其无，有室之用。"老子几千年前道出了住宅设计的本质是对空间的创造，住宅为人们提供的真正内容是"无"的部分，是其中的有效使用空间。户型设计中要遵循有效、舒适、变换的空间设计原则。

微课：中户型空间设计

微课：简雅格调中户型设计

微课：100m²"陋室铭"

思想提升

【知识点】居室空间设计中的适老设计

2021 年 12 月 30 日国务院关于印发"十四五"国家老龄事业发展和养老服务体系规划的通知：以习近平新时代中国特色社会主义思想为指导，全面贯彻党的十九大和十九届历次全会精神，统筹推进"五位一体"总体布局，协调推进"四个全面"战略布局……把

拓展阅读

积极老龄观、健康老龄化理念融入经济社会发展全过程，尽力而为、量力而行……基于我国老龄化国情，学生在设计时要考虑适老化空间设计。通过专题设计加强学生对社会热点难点问题的关注、思考与实践，培养学生良好的社会责任和设计使命。

【互动研讨】老年人岁数、身体条件等基本情况与青壮年进行对比，老人主要活动方式有哪些？活动发生的主要空间的具体情况是怎样的？

【总结分析】老年人作为一个数量不断增长的群体，对养老机构、住宅乃至城市公共空间的诉求声音越来越大。学生们应该能够清晰地认知到，居室空间设计必然要更多地考虑老年人的需求，才能真正满足人民对美好生活的需求，才能创造适应未来的、更加健康舒适的环境。

4.2.2 中户型项目实训

项目来源：广州筑彩空间装饰有限公司

一、任务导入

任务清单见表4-3。

表4-3 任务清单

项目名称	骏威广场桂苑 D 栋 1-B
地理位置	骏威广场位于花都区中心，靠近地铁九号线，小区周边配套设施完善，医疗、教育资源丰富
楼盘概况	骏威广场一共41幢楼，其中包括电梯洋房，步梯洋房，独立一、二层复式，商业大厦。里边分为雅苑、丹凤苑、龙珠苑、桂苑、东明楼、商业大厦。桂苑为12层高，顶层复式，一梯四户，是骏威广场的核心，建在花园中心点，旺中带静，可称为楼王
业主概况	三口之家，一对夫妻，一个女儿，女儿24岁，已工作
建筑面积	113m^2
风格意向	现代时尚风格
任务要求	明确工作任务要求，与业主进行沟通，对本空间进行设计方案制订
任务形式	设计方案 PPT，平面图、顶棚图等全套施工图纸，局部节点、大样图，汇报展板制作

二、小组协作与分工

请同学们根据异质分组原则分组协作完成工作任务，并在下面表格中写出小组内每位同学的专业特长与专业成长点（表4-4）。

表4-4 小组分工表单

组 名	成 员 姓 名	专 业 特 长	专业成长点

三、任务实施

1. 设计准备

1）业主装修意向（表4-5）

表4-5　业主装修设计意向表

身　份	年　龄	职　业	性 格 特 点	业 余 爱 好	装 修 意 向
男主人	50岁	经商	小资，讲究品位	旅游、运动	时尚有档次
女主人	48岁	教师	开朗，追求细节	旅游、运动	开放式厨房，储物空间多
女儿	24岁	金融行业	活泼，个性十足	运动、跳舞	风格简约时尚

2）户型改造

（1）现场勘测建筑结构图，并准确地绘制出原始结构图、原始尺寸图、原始梁位图（图4-42）。

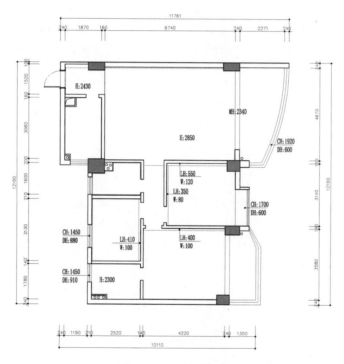

图4-42　原始结构图

（2）根据业主居住功能需求和现场勘测数据，分析原户型的利弊，并提出合理的户型解决方案（表4-6）。

表4-6　原户型存在问题及解决措施

存 在 问 题	解 决 措 施
厨房为封闭式，无法满足女主人的需求	拆除厨房墙体，改用移门，可开可关，空间灵活多变
女儿房空间较小，收纳功能不强	原墙体向外拓宽，得到了衣柜空间，满足收纳要求

（3）根据空间规划方案，拆除墙体，砌隔断砖墙（图 4-43 和图 4-44）。

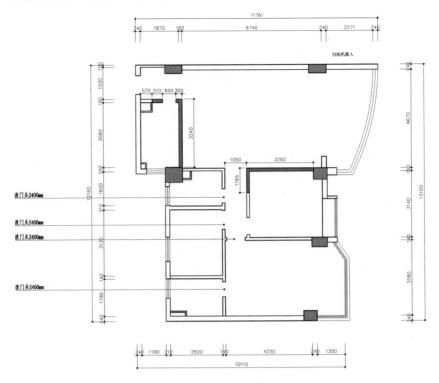

图 4-43　拆墙图

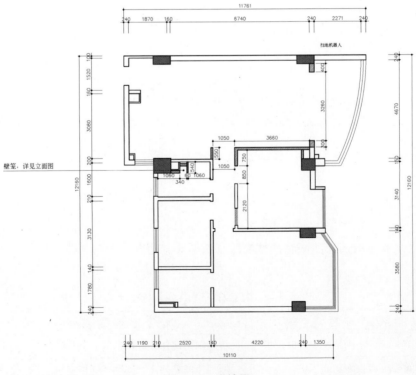

图 4-44　砌墙图

3）平面布置设计

（1）业主使用空间情况。分析客户家庭成员情况与空间要求特点（表4-7）。

表 4-7　业主家庭成员对空间需求

家 庭 成 员	基 本 情 况	空 间 要 求
男主人	自主经商，有时在家谈生意	会客、工作空间
女主人	教师，家务劳动	开放式厨房、收纳空间多
女儿	金融行业，喜欢时尚	睡眠、收纳衣服、工作空间

（2）住宅功能布局。合理的住宅空间布局，应能够科学地划分公共功能区、私密功能区、家务功能区，明确各个功能区的使用功能，确保其使用合理且互不干扰（表4-8）。

表 4-8　住宅各功能区构成

公　共　区	家　务　区	私　密　区
客厅、餐厅、玄关、公卫	厨房、阳台	主卧、儿童房、多功能房、主卫

（3）完成平面布置图设计（图4-45）。

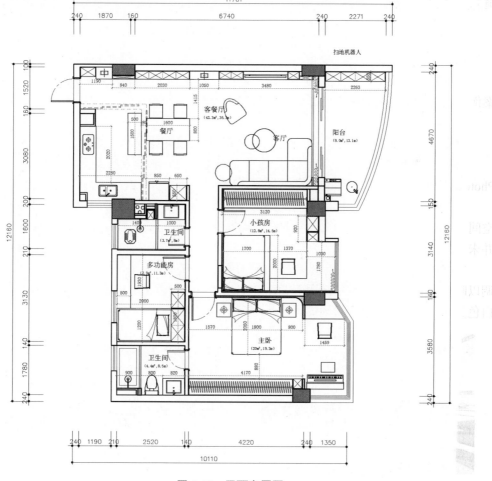

图 4-45　平面布置图

设计小技巧 🖌

中户型居室空间可以通过一些技巧来改善空间感。从视觉角度提升空间感，会使居室变得更加宽敞明亮。

首先，如果想要在视觉上改善空间感，由于墙面控制着室内面积，人们的视觉焦点也会第一时间落在墙面上，所以墙面的设计尤为重要。中户型空间面积以 90~120m² 为主，墙面设计不好会导致空间的局限性存在。能改善墙面设计的最有效的要素就是色彩，墙面色彩的选择与搭配在很大程度上影响设计的整体效果。纯度较高、色相较深的颜色容易使人产生压抑感，纯白似乎又略显单调，因此可选择纯度较低、亮度较高的色彩，帮助提升环境的空间感和明亮度。其次，灯光效果也起着重要的作用，可以利用局部照明。若灯光过于明亮，容易使房间氛围变得压抑，因此，最好将光源分布在不同的区域或者用散光照明，这样可以使房间更温馨。再次，要充分利用室内空间进行合理布置，既要满足人们的生活需要，也要使室内不致产生杂乱感。中户型居室空间的设计通常以实用、合理为原则来布置功能分区，然后利用相互渗透的空间增加室内的层次感，达到丰富空间的效果。最后，中户型空间不宜选择造型繁复的家具，而应选用造型简单、质感轻的家具，尤其是那些可随意组合、拆装、收纳的家具，既可满足休息的需要，同时也可以更大化地增加收纳空间。

2. 设计表现

1）设计定位

通过调查、收集、分析相关资料信息之后，根据业主的特点，与其分享其他优秀设计案例，探讨业主期望的装饰设计效果，明确住宅设计风格定位。

2）方案设计

方案设计主要是完成空间界面设计、照明设计、陈设配饰设计三大方面。

（1）空间界面设计。可采用手绘技法或计算机软件表现技术（3D Max、VRay、Photoshop 等）设计空间界面的造型、色彩以及材质等。

空间界面造型设计。以时尚、简约为设计源点，运用对称、均衡等形式美法则设计各空间平、地、顶、立等界面造型形态；空间隔断方式主要是运用吊顶、家具将空间区域划分，并未设计过多立面隔断（图4-46）。

空间界面色彩设计。为削弱因空间界面的方直造型带来的冷峻感，空间整体的色彩色调以暖色调为主色调，其邻近色为辅。在空间的天花、墙壁、门窗、地板等地方采用以米白色为主，米黄、褐色等为辅的色彩，营造喜悦、轻松、温馨的环境（图4-47）。

图4-46　界面造型时尚简约　　　　　　　图4-47　界面色彩以暖色为主

空间界面材质运用。遵循安全、美观、环保等原则，并根据各个空间界面结构特点，选用能充分体现界面造型形态的材料，主要有大理石、木纹砖、木地板、木饰面板、地毯、墙纸等。

（2）照明设计。根据各个功能区的空间性质和使用要求，以黄色、白色两种光源为主，并采用整体照明、局部照明、装饰照明等范式设计空间光照效果（图 4-48）。

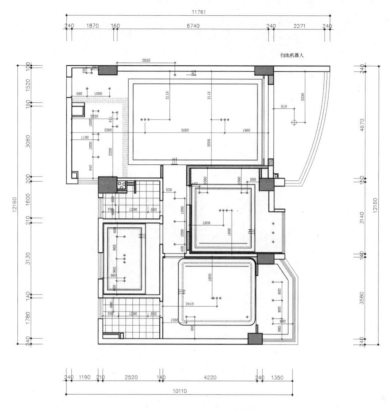

图 4-48　天花灯具尺寸图

（3）陈设配饰设计。业主期望的空间格调是时尚简约。按照业主的想法，设计师以现代简约风格精心设计空间的陈设配饰。将天然写意的植物、抽象的挂画、几何造型的摆件、舒适的布艺、温馨暖意的灯光等饰品巧妙地搭配，营造了精简时尚的空间气氛（图 4-49）。

图 4-49　空间陈设配饰

3. 施工图绘制

施工图是影响设计方案的最终效果和工程施工质量的关键。因此，施工图绘制是一项严肃而认真的技术工作，通过绘制工程施工平面图、剖面图和大样图等，将施工工艺呈现于本项目的施工图纸上，除了绘制项目平面布置图外，还绘制了以下图纸（图4-50~图4-53）。

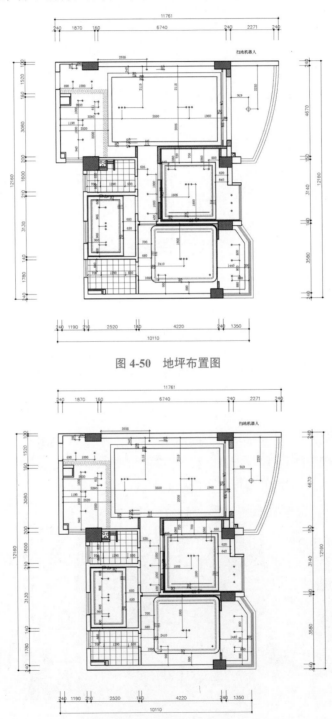

图 4-50　地坪布置图

图 4-51　天花布置图

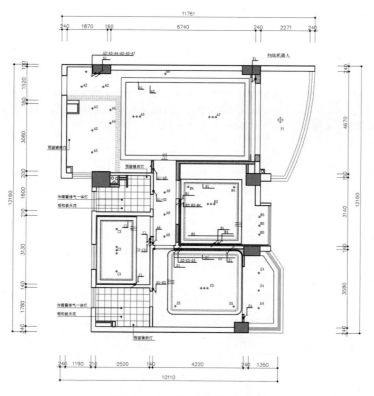

图 4-52 天花灯具控制开关图

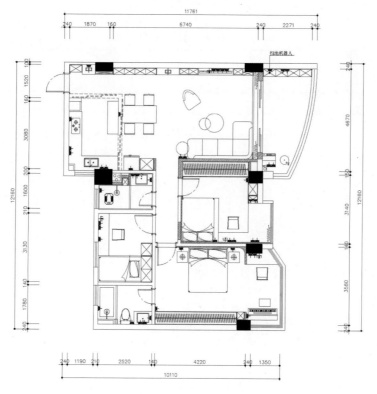

图 4-53 插座布置图

四、任务评价

任务评价见表4-9。

表4-9 项目评价表

一级指标	二级指标	评 价 内 容	分值	自评	互评	校内教师	企业导师	业主
工作能力 （50分）	小组协作能力	能够为小组提供信息，质疑、归类和检验，提出方法，阐明观点	10					
	实践操作能力	中户型设计方案制订能力	10					
		方案图纸设计、绘制能力	10					
		方案展示能力	5					
	表达能力	能够正确地组织和传达工作任务的内容	5					
	创新设计能力	能够设计出独特的、适合不同业主需求的方案	10					
作品得分 （50分）	职业岗位能力	创新性、科学性、实用性	10					
		解决客户的实际需求问题	10					
		客户满意度	30					

五、总结提升

总结提升见表4-10。

表4-10 项目总结表

素质提升	提升	
	欠缺	
知识掌握	掌握	
	欠缺	
能力达成	达成	
	欠缺	
改进措施		

【拓展实训】

项目来源：广州筑彩空间装饰有限公司

1. 实训题目

广州花都区融创B区曾先生住宅

2. 完成形式

以2~4人为小组共同完成，团队合作。

3. 实训目标

（1）掌握中户型空间布局思路与方法。
（2）掌握中户型空间合理改造的方法与技巧。
（3）掌握中户型空间的风格化设计技巧。
（4）掌握中户型各空间配色原则。

4. 实训内容

如图 4-54 所示，套内 120m²，三居室住宅空间，需进行室内设计。

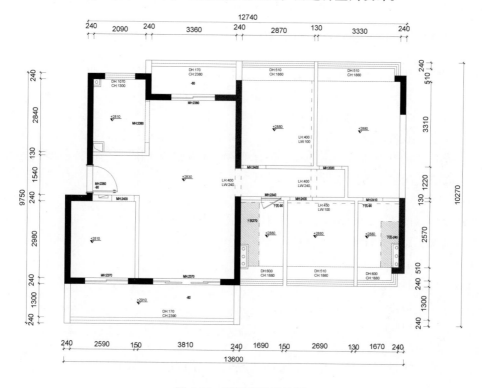

图 4-54　项目原始结构图

5. 实训要求

（1）设计目标为适应两夫妻加一个 3 岁小孩、一个老人的三代同堂共同居室空间，业主喜欢现代简约风格。
（2）根据户型结构进行平面布局安排和适当改造。
（3）平面规划合理，动线合理。
（4）整体风格统一，并进行适当的软装设计。

6. 设计内容

（1）绘制规划改造后的平面布置图，布局合理、功能齐全、动线流畅。
（2）绘制思维导图、元素提炼草图、空间草图。
（3）绘制分析图（功能分析图、动线分析图、色彩分析图、材料分析图）。

（4）设计说明 1 份。

（5）设计施工图纸（平面、天花、立面、详图）。

（6）空间效果图。

（7）600mm×900mm 展板 2 张。

（8）设计小结，总结方案规划和改造中的思维过程和设计精髓。

4.3 大户型项目设计

4.3.1 大户型项目设计案例解析

通常称居室面积在 120m² 以上的户型为大户型，户型形式除了普通套型外，还有错层式、跃层式、复式和半复式等。其中普通套型有 3 室 2 厅、4 室 2 厅，而 3 室 2 厅 2 卫为最常见的大众户型，也是相对成熟的一种房型。3 室 2 厅居室的建筑面积充足，在布局上可以划分各家庭成员需要的功能区域，如休息区、会客区、就餐区、收纳区等，各功能区域既相互联系，又可以保持一定的独立性，布局形式应以实用原则为主，根据家庭人员构成以及家庭成员的生活习惯来设计。

非常规户型的改造——146m² 大户型空间项目设计

案例来源：为睦设计

项目名称：阳光锦城

项目地址：苏州

项目性质：私宅

户型面积：146m²

户型格局：4 室 2 厅 2 卫

设计难点：非常规户型，由于承重墙的原因，无法实施将采光更好的南面空间打通为客厅的常规方案。

问题引入：户型的优劣到底取决于什么？怎么去改造非常规户型？非常规户型与好的居住体验如何协调一致？

一、项目解析

1. 餐厅——线与面

餐厅的设计奉行"少即是多"的原则，一张圆木桌与几把藤编椅点明了心归田园的空间意境（图 4-55 和图 4-56）。推开家门，香气扑鼻，梦寐以求的桃花源，其实也就在此间。

2. 客厅——光与影

东西向的长开间内，通过拆墙与阳台外拓，让居住者畅通无阻地享受充沛的采光与通风（图 4-57 和图 4-58）。去风格化的设计思路让空间的个性趋于柔和、舒适、自然。将原木元素与白色作为空间的底色，为客厅中铺垫了恬静的基调。美妙的色彩以色块的形式点缀其间，释放着不同的魅力。红与蓝遥相呼应，独立而又和谐，如同山中鸟语啁啾，却愈发显静。

图 4-55 餐厅

图 4-56 餐厅的藤编椅

图 4-57 客厅

图 4-58 客厅的光影效果

3. 厨房——疏于密

规划前的厨房空间狭小，而紧挨厨房的一个杂物间又显得有些许多余，于是设计师直接将两个空间打通，改造成了一个宽敞明亮的大厨房（图 4-59）。U 形的操作台与一体式橱柜，让厨房内的一切工作都可以有条不紊地进行。

4. 过道——虚与实

白色无花纹的墙壁，可以在视觉中无形地放大空间量感。但这种放大还是过于"实"，对采光的改善不大。于是设计师在过道上以格纹的形式设计了一排玻璃砖墙（图 4-60），通透朦胧的质感配合活泼的拱门前景，不仅让采光更充沛，同时也营造出轻盈浪漫的氛围。

5. 卧室——色与调

南面空间做成了两间功能性的房间，作为父母房与多功能房间，加置了一个晾晒平台。

父母房采用中性的颜色基调，藤编床头与温润木质赋予了空间情感、温度与灵魂，赐予居住者最美好宁静的睡眠空间（图 4-61）。

图 4-59　厨房

图 4-60　过道

6. 卫生间——主与次

卫生间的设计，结合了现代科技的智慧与对生活舒适度的追求。玻璃隔门进行有效的干湿分离，也避免了视觉与空间上的局促感，黑白结合的极简配色，带来别具一格的视觉效果（图 4-62）。

图 4-61　卧室

图 4-62　卫生间

二、项目总体规划

原户型存在一个很大的弊端（图 4-63），餐厅南面的墙是一堵结构墙，无法拆改，所以将采光更好的南面空间打通为客厅的常规方案实施不了。若执意如此，客厅与餐厅无法连通，空间会被分割成很多小块。非常规的东西向客餐厅，其布局受结构墙的影响只能保留。光线不足的问题，需要用特殊的材质与巧妙的设计进行补救（图 4-64）。

（1）保留原非常规的东西向客餐厅，通过拆墙与阳台外拓，解决采光与通风问题。

（2）拆除原厨房及卧室中间隔墙，扩大空间面积。

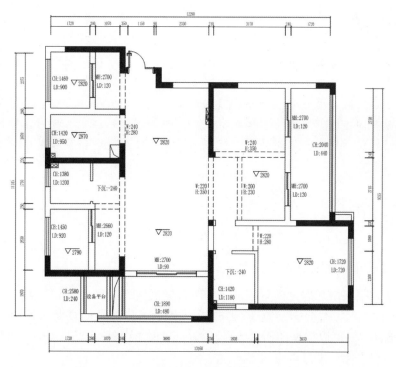

图 4-63　原始建筑图

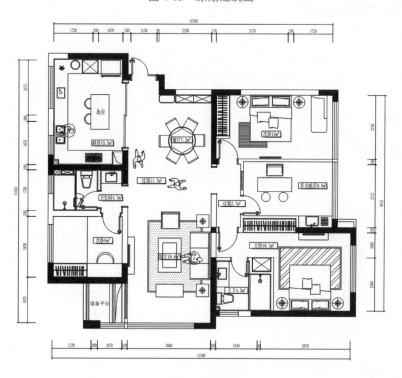

图 4-64　平面布置图

（3）将南面的房间改成两个功能性房间，玻璃砖墙将南面的光直接引入，南北互通，使得过道不会非常暗与窄。玻璃砖墙对应弧形拱门，也形成了一个端景。

设计小技巧

房顶外露的梁对普通人来说可能是个装修难题，可在设计师看来，梁是发挥想象体现设计风格的好道具。不同情况的梁应该进行不同的处理：如果顶部为平板空间，梁可以用吊顶的方式进行隐藏；如果是斜的或不规则的梁，一般要因地制宜，结合具体情况装饰；如果是多梁，可以通过整体划一的空间感及色彩感来取得协调和统一。有梁的房间很适合装修成轻松自然的田园风格。

微课：大户型客厅这样做

三、大户型空间设计方法

大户型居室一般使用年限较长，居住人口相对较多。大户型设计方法可归纳为以下几点。

1. 确保功能布局清晰合理

大户型居室空间由于居住人口较多，居住人员年龄跨度较大、审美取向不一，生活需求也不同，因此客厅、餐厅及厨房等公共空间要综合家庭成员的意见和需求进行设计。卧室、书房等私密空间可以根据使用者的喜好进行设计，但也要注意与整体设计风格相协调，不要因过于突出个性，而显得格格不入。

2. 空间设计突出实用性

设计要以人为本，适合人居住的空间才是最舒适、设计合理的空间，所以设计中首先要从实用性出发。在功能布置上，从人性化的角度考虑布局和设施，家有小孩和老人的，一定要特别注意地面的起伏、空间的位置、卫浴间的防滑，以及家具的安全等问题。空间功能要齐全，一切从实用角度出发，收纳空间、休闲空间、洗衣空间、娱乐空间等附属空间也要考虑周全。

3. 个性与审美

一个好的设计一定是共性与个性共存，要适合大众欣赏，也要体现业主的个性与品位。

4. 空间处理

大户型空间的处理是比较难的，应合理利用色彩，不同的色调可以营造不同的空间环境，浅色调可以让空间更空旷，深色调可以让空间更加沉稳、紧凑，可以利用不同的色彩对空间进行潜在的区域划分。在结构上，可通过对屋梁、地台、吊顶的改造，对室内空间作出一些区分。家具可尽量用大结构的，避免室内的凌乱；同时，软装陈设的点缀，既解决了单调的问题又为室内增添了生气和内涵。

微课：高级时尚大平层设计

思想提升

【知识点】精益求精的工匠精神的历史传承与当代内涵

瓦库是以生活中常见而又濒临消逝的"瓦"为主要元素，精心构思，独立创新设计的一个具有文化艺术品质的空间，是作者十余年来对古镇情怀积淀的绽放。"瓦库"系列作品以其传统的自然价值理念，作品风格质朴、舒适、自然，从人的本真需求出发，融合"天人合一"的价值理念，受到广大群众的喜爱。瓦库将艺术融于生活，使生活洋溢着艺术，其作品在人们的关注下具有了生命感。

微课：文化自信——　　　拓展阅读
"瓦库"系列作品

【互动研讨】"瓦库"系列作品是以哪种材料为主进行设计的？"瓦库"系列作品体现作者怎么样的一种设计构思及情感？

【总结分析】瓦库系列作品、物质文化遗产、文化自信。

4.3.2　大户型项目实训

项目来源：名雕装饰海悦新城分公司

一、项目设计调研

1. 熟悉项目建筑施工图

在进行方案设计之前，首先需要详细了解原有建筑施工图、土建结构图及水、暖、电等一系列图纸和设备的具体情况，通常由业主提供原建筑平面图、水电布置图。

微课：大户型空间设计

2. 设计前与客户进行沟通

设计师与客户沟通，掌握有关资料及客户的要求，其中包括家庭人口、年龄、性别、个人爱好、生活习惯、喜好的颜色等，以及准备选择的家具样式、大小，准备添置设备的品牌、型号、规格和颜色，拟留用原有家具的尺寸、材料、款式、颜色。根据生活习惯及喜好需求，拟定插座、开关、电视机、音响等摆放的位置。

根据以上信息，做好相关记录，并汇总如下。

（1）家庭成员为4人，夫妻2人和2个女儿。男主人是知识分子，大女儿20岁，小女儿7岁。

（2）面积 $192m^2$，装修预算80万元。

（3）新中式风格，要求简洁大方、舒适温馨。

（4）注重杂物存储，衣帽间、鞋柜及相关杂物柜需绘制详图。

（5）公共空间设计要求：起居室设计要求简洁大方，有特色，色彩鲜明，灯光设计要实用、美观，符合整体的设计风格。总体要求大气、明快，色彩淡雅、局部协调。餐厅增加收纳空间。

（6）各私密空间设计要求：主卧、大女儿房分别放置一张大床（180cm宽），衣柜、床头柜、电视、网络到位。

（7）卫生间设计要求：主卧卫生间要求设置双台盆、坐便器、淋浴，不需要浴缸。公共卫生间设置蹲便器、淋浴，门外设洗手台，干湿分离。

（8）家务空间设计要求：根据整体环境氛围需要，提供厨房设计方案；利用阳台的一部分放置洗衣机、烘干机、洗衣池，方便洗烘衣物。

3. 设计实地测量

通过现场测量，再次确认原有建筑的相关尺寸，比如套内面积大小、楼层标高及门、窗、墙身、柱、空调等的位置，原有水电、煤气、电视等的位置，原有的家具设备等，并通过手绘手法收集特殊的、需要注意和改进的细部。除此之外，设计师还应通过手绘或拍照等方式对居室空间进行记录，这对今后的设计将是有益的补充（图4-65和图4-66）。

图 4-65　项目现场量房 1　　　　　　　　图 4-66　项目现场量房 2

二、案例环境分析

设计师在设计之前，一定要进行居住环境分析，内容包括项目整体概况、周边配套、交通状况等，为更好地设计采集依据。

1. 项目介绍

本项目为广东省佛山市顺德区大良市中心的华侨城天鹅堡。华侨城天鹅堡是由华侨城集团打造的高层住宅 TOP 系列产品，项目总占地 7.76 万 m^2，总建面积 28.6 万 m^2，产品面积为 121~172m^2 的三至四房，平均楼距超百米，户户纯南向，天际的高度享奢阔视野，多重立体园林享私家花园。

2. 周边配套

（1）学校：玉成小学、顺峰初中、广东实验中学顺德学院。
（2）医疗：广东同江医院、暨南大学附属口腔医院、广州中医药大学顺德医院。
（3）商业：华侨城欢乐海岸、南方智谷、顺德印象城。

三、平面布置与功能分析

项目平面分析通常包括客户各类资料分析，风格定位分析，提出设计问题，提供解决途径及解决方式等，通过文字图解的方式进行。

（1）原建筑平面分析。根据客户提供和实地测量的数据，利用软件和手绘绘制出平面图，结合需要进行空间组织再创造（图 4-67）。

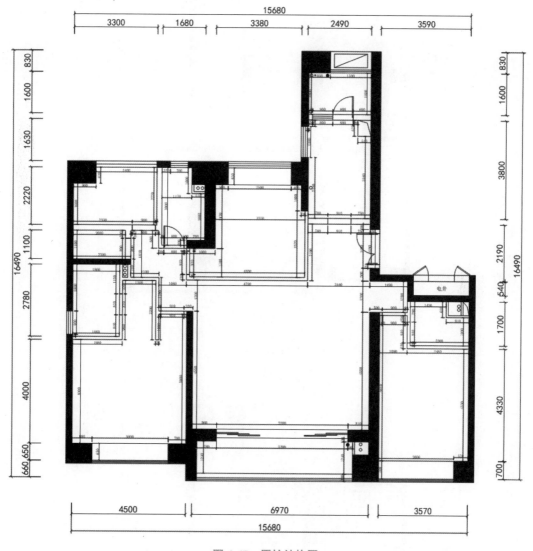

图 4-67　原始结构图

（2）原建筑平面存在的不足。本项目整体结构较为方正，内部结构也较合理，唯一欠缺的地方就是私密区域的过道过于蜿蜒，在动线方面不是太合理，且次卧面积太小，不好利用。另外，根据业主的需求还需增加一个多功能房。

（3）平面布局解决方案。原有房间外过道为"Z"字形，使得动线不合理，这也是本案重点改造的地方。先加长女儿房间一侧的墙体，使这面墙与餐厅背景墙拉平，做对齐效果。并将女儿房间旁边的小空间纳入房内，拆除窗边的栏杆，增加衣柜及活动的空间。拆除主卧中步入式衣柜的隔墙及主卧原有门洞，将主卧房门的墙面与电视背景墙拉平，将原有主卫的墙体及门洞拆除,向外推重新砌墙（图 4-68 和图 4-69）。经过改造，空间更加实用，动线更为合理。

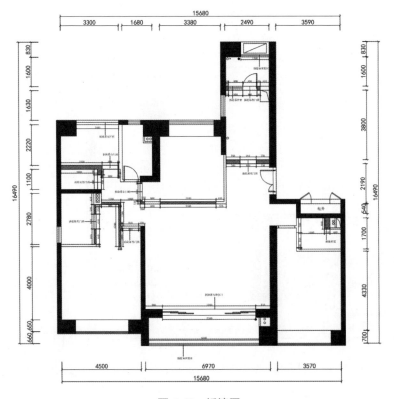

图 4-68　拆墙图

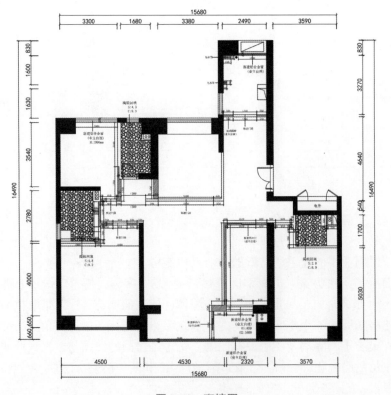

图 4-69　砌墙图

（4）功能布局（图 4-70）。

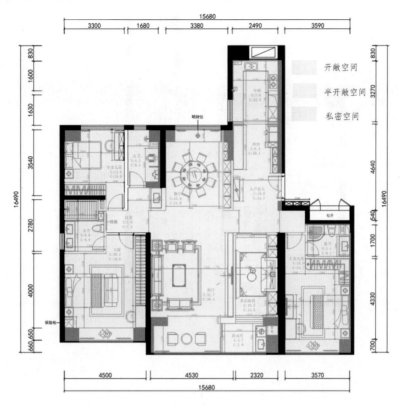

图 4-70　功能布局图

知识链接

1. 同层排水

同层排水是卫生间排水系统中的一项新技术，是指同楼层的排水支管均不穿越楼板，在同楼层内连接到主排水管。如果发生需要清理疏通的情况，在本层套内即能够解决问题的一种排水方式。

相对于传统的隔层排水处理方式，同层排水最根本的理念改变是通过本层内的管道合理布局，彻底摆脱了相邻楼层间的束缚，避免了由于排水横管侵占下层空间而造成的一系列麻烦和隐患，包括产权不明晰、噪声干扰、渗漏隐患、空间局限等。用户可自由布置卫生器具的位置，满足卫生洁具个性化的要求。

2. 隔层排水

隔层排水是指地漏、淋浴、小便、大便、盥洗盆、浴盆等排水支管安装在本层的地板，即下一层的顶板下的排水方式。优点是所有排水支管都可以安装存水弯，防止管道内的臭气进入。缺点是维修不便，需到下层住户家里维修；上层使用时，水流声对下层住户有影响；防水不好处理，易漏水等。

（5）各功能区关系分析（图 4-71）。

（6）确定平面布置图（图 4-72 和图 4-73）。

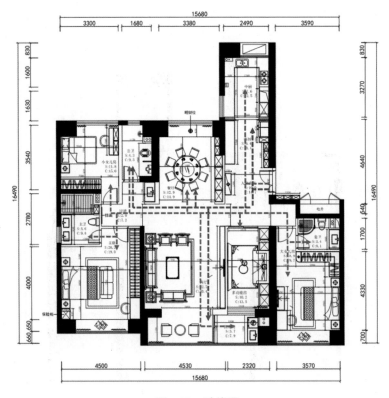

图 4-71　动线图

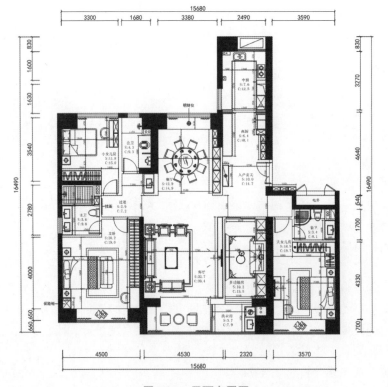

图 4-72　平面布置图

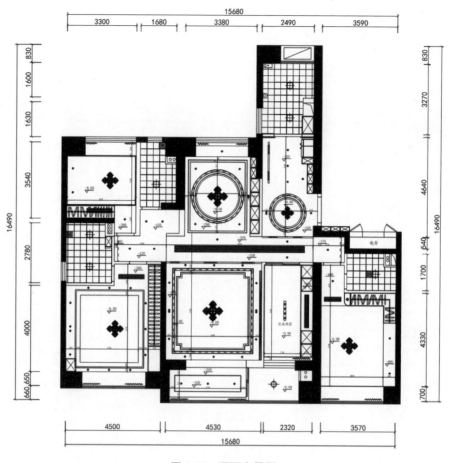

图 4-73 顶面布置图

四、设计创意构思

1. 建立项目档案，收集资料信息

在项目档案中对文件夹进行分类管理，如原始文件、收集的各类风格的图片、现场照片与记录等。

2. 提出设计概念，确立意向设计方向

与业主进行装饰设计风格的相关探讨时，在形成比较清晰的思路前，将收集的各类风格资料制作成有针对性的风格意向设计图。

五、空间分隔与界面处理

1. 室内家具与陈设配套设计

功能区域划分及固定的家具分布确定后，就可以进行家居的布置和室内视觉效果的处理。根据与客户沟通后确定的家具明细表，在平面布置图上标注家具、洁具、陈设等产品意向图，标明型号、尺寸、价格等信息。

2. 方案设计表现

在完成装饰风格定位、功能定位，家具、洁具意向达成一致后，进行立面图、节点图与计算机效果图制作，进一步完善空间造型、比例尺度、灯光效果及色彩配置等细节，利用三维形式进一步表述空间（图 4-74~图 4-79）。

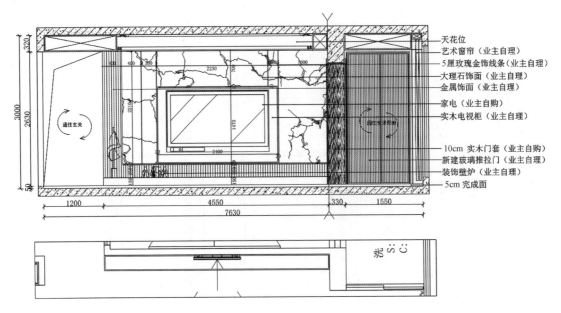

客厅B向立面

备注：业主自购或自理
为主材类型

图 4-74　立面图

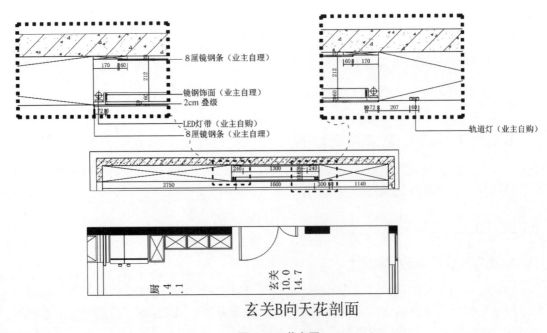

玄关B向天花剖面

图 4-75　节点图

图 4-76　客厅效果图

图 4-77　电视背景墙效果

图 4-78　玄关效果

图 4-79　餐厅效果

六、项目概预算

1. 熟悉施工图纸

在编制项目概预算时，首先要熟悉设计图纸，了解施工工艺、构造及材料等。

2. 计算工程量，列出工程项目分项

在熟悉工程项目之后，根据所需装饰装修项目列出分项，并计算其工程量，如铺装面积是多少，墙面乳胶漆需要多少，并根据施工过程所涉及的费用，详细列出相关工程直接费用、间接费用及其他各项费用，如材料费、人工费等。

3. 校核

完成各分项计算后，须对相关数据进行审核，确保准确无误。

4. 撰写编制说明，填写封面，装订成册

编写项目说明书，标注好项目名称及施工时间等，装订成册。

小贴士

每个家庭都希望居室既符合自己的心意，舒适美观，又经济合用，尽可能减少不必要的费用开支，设计图纸一旦确定，便基本上确定了材料品种、装修的档次及品质，装修单位在此基础上根据图纸和项目进行投资预算。设计师要做好这一工作，就要多做市场调查，尽可能提供最佳又最经济合理的设计方案，如客厅选用肌理较细、外观质量较高，有利于

创造客厅融洽、和睦气氛的地面砖；而卫生间、厨房则选用肌理略粗、摩擦力大，给人安全感的地面砖。

七、任务评价

任务评价见表4-11。

表4-11 项目评价表

一级指标	二级指标	评 价 内 容	分值	自评	互评	校内教师	企业导师	业主
工作能力（50分）	小组协作能力	能够为小组提供信息，质疑、归类和检验，提出方法，阐明观点	10					
	实践操作能力	大户型设计方案制订能力	10					
		方案图纸设计、绘制能力	10					
		方案展示能力	5					
	表达能力	能够正确地组织和传达工作任务的内容	5					
	创新设计能力	能够设计出独特的、适合不同业主需求的方案	10					
作品得分（50分）	职业岗位能力	创新性、科学性、实用性	10					
		解决客户的实际需求问题	10					
		客户满意度	30					

八、总结提升

总结提升见表4-12。

表4-12 项目总结表

素质提升	提升	
	欠缺	
知识掌握	掌握	
	欠缺	
能力达成	达成	
	欠缺	
改进措施		

课堂互动

谈谈居室空间设计的步骤及各自所完成的任务。

【拓展实训】

项目来源：名雕装饰海悦新城分公司

1. 实训题目

嘉朗湖畔李先生雅居

2. 完成形式

以 2~4 人为小组共同完成，团队合作。

3. 实训目标

（1）掌握大户型居室空间布局的思路与方法。
（2）掌握更多需求的空间合理优化的方法。
（3）掌握大户型空间的个性化设计。
（4）掌握大户型空间的各种细节设计方法。

4. 实训内容

如图 4-80 所示，项目面积 $160m^2$，需进行室内设计。

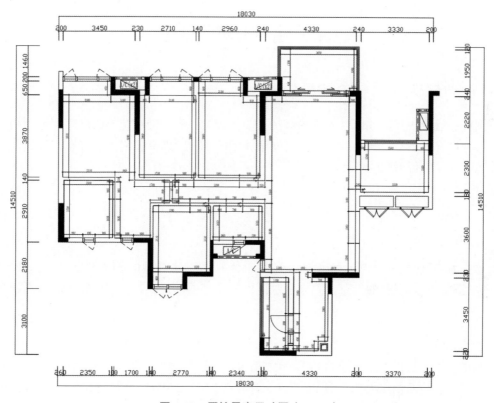

图 4-80 原始量房尺寸图（1∶75）

5. 实训要求

（1）适合"三代同堂"5 口人共同居住。
（2）根据户型结构进行平面布局安排和适当改造。
（3）平面规划合理，动线合理。
（4）整体风格统一，并进行适当的软装设计。
（5）进行一定的无障碍设计，适合老年人生活习惯。

6. 设计内容

（1）绘制规划改造后的平面布置图，布局合理、功能齐全、动线流畅。

（2）绘制思维导图、元素提炼草图、空间草图。

（3）绘制分析图（功能分析图、动线分析图、色彩分析图、材料分析图）。

（4）设计说明 1 份。

（5）设计施工图纸（平面、天花、立面、详图）。

（6）空间效果图。

（7）空间预算 1 份。

（8）600mm×900mm 展板 2 张。

（9）设计小结，总结方案规划和改造中的思维过程和设计精髓。

4.4　别墅项目设计

4.4.1　别墅项目设计案例解析

别墅一般位于郊区或风景秀丽的地区，功能较为齐全，带有花园或院落，多为两或三层，部分带有地下室，通常作为住宅或度假休闲的场所。别墅住宅千姿百态，根据别墅的相关同质性可进行不同的分类。

一、别墅的分类

1. 独立别墅

独立别墅是独门独户、私密性极强的单体别墅。这类型的别墅是历史最悠久的一种，也是别墅建筑最初的形态。独立别墅四面采光，独门独户，独享前庭后院，面积多在 250m² 以上。

2. 双拼别墅

双拼别墅是联排别墅与独立别墅的中间产品，由两个单元的别墅并联而成。双拼别墅三面采光，占地面积比独立别墅小，面积多控制在 160~250m²，市场定位为中高档住宅。

3. 联排别墅

联排别墅是由 3 个或 3 个以上的单元住宅组成，外侧的公用外墙有着统一的平面设计风格。联排别墅两面采光，占地面积小，独门独户，有独院绿地，但花园面积相对较小。面积多控制在 130~160m²，多定位为经济型别墅。

4. 叠拼别墅

叠拼别墅介于别墅与多层花园洋房住宅之间，通常为四或五层高的住宅，垂直方向上由两户叠加形成，一至二层为一户；三、四、五层又是一户。下层单元从地面入户，带花园；上层单元从室外独用楼梯入户，带露台。建筑面积多为 150~200m²，部分面积大的接近 300m²。

思想提升

微课: 生态设计——行业发展的趋势

【知识点】生态室内设计

如今的社会正在朝着生态化的方向发展，各行各业也要顺应这一个大的趋势。随着人们生活水平的提高，生态室内设计已经成了一种新的设计理念，走进了人们的生活。现在的室内设计也正在朝着生态化、绿色化的方向发展。一方面，这很符合人们对居住环境舒适的需求，另一方面，能很好地顺应我们生态化、绿色化的发展理念。生态设计十分注重以人为本，并且很符合我们可持续发展的先进理念，生态设计理念就是尽可能地使室内装修凸显出自然的手法，充分体现出一种节能、环保的思想，注重保护人们的身体健康，让人们的生活感到更加舒适，这体现了社会、经济、人文效益的协调统一，是以后发展的大势所趋。

【互动研讨】什么叫生态绿色空间布局？该从哪些方面进行室内的生态设计？高科技在生态设计中如何运用？

【总结分析】室内生态设计、生态绿色空间布局、高科技、细节绿色设计。

二、别墅户型设计基本组成

一般居室首先要考虑满足使用功能、日常起居的便利与舒适和居室的生态要求，因此，功能区分隔和使用功能的细分、专门化已是必然趋势。别墅面积大，使用功能需求多且繁杂，在设计上则更应注意功能的设计和配置。除了注重室内装饰设计外，对室外庭院的设计也应多加重视，在设计手法上更加注重室内、室外空间的过渡和交融，提高居家的舒适度。别墅的功能组合应随着户主的职业、兴趣爱好、地域环境的不同而不同。别墅空间依照其共适性可划分为五大功能区（表 4-13）。

表 4-13 别墅空间的五大功能区

功能区分类	所包括空间
礼仪区	入口（玄关）、起居室、过廊、餐厅等
交往区	早餐室、厨房、家庭室、阳光室等
私密区	主卧、次卧、儿童房、客房、卫生间、书房等
功能区	洗衣间、储藏室、壁橱、步入式衣橱、车库、地下室、阁楼、健身房、保姆房等
室外区	入口、前院、后院、平台等

知识链接

户外地板是指铺设于户外的木地板，需要能够经受得住户外多变的天气和强烈的温差变化，还须具有稳定性强、强耐腐、抗压性强等特点。主要种类有塑木户外地板、防腐木户外地板、炭化木户外地板、共挤型户外塑木地板、HIPS 地板等。

防腐木地板是户外使用最广泛的露天木地板，并且可以直接用于与水体、土壤接触的环境中，是户外木地板、园林景观地板、户外木平台、露台地板、户外木栈道及其他室外防腐木凉棚的首选材料。常用的树种有俄罗斯樟子松、欧洲赤松、美国南方松、辐射松及一些天然防腐硬木，如菠萝格、巴劳木等。

以形观体　着彩赋形——310m² 别墅空间项目设计
案例来源：为睦设计
项目名称：正达南苑
项目地址：福建南平
项目性质：私宅
户型面积：310m²
户型格局：6 室 2 厅 3 卫
设计难点：别墅设计中客厅是别墅设计的重点，客厅层高较高，因此对客厅空间的整体把控尤其重要，需要体现空间感和层次感。
问题引入：别墅房间较多，该如何进行分配才能较为合理？空间的过渡如何衔接自然不突兀？

一、项目解析

1. 玄关

步入玄关，即可窥见线条的灵动美。螺旋形的楼梯轻盈曼妙，通透的扶手勾勒出优雅弧度，素洁的光被隐藏在层层阶梯下，烘托着拾级而上的氛围与强烈的仪式感，赋予空间多元的创造力与可能性（图 4-81）。

图 4-81　玄关

2. 客餐厅

经典简约的黑、白、灰三色，是对现代生活轻盈形态的最好诠释。在无拘无束的自由世界中，以色彩为边界突出平面的层次感。清新如风的原木色调，为黑白的理性色感注入了属于生活的暖意，使明亮又清透的活力空间元气满满（图 4-82）。

图 4-82　客餐厅

3. 书房

体量有限的空间格局中，倚墙而设的书柜与书桌，大大提高了空间利用率。错落的空间分隔，描绘出书房领域的真正特性。运用虚与实结合的手法，以两把极具未来感的透明流线型座椅，让书房内的格局舒展自如（图 4-83）。

4. 卧室

独具摩登风情的卧室，代表着居住者对现代质感生活的不懈追求。跨材质、多层次地展现黑、白、灰的美，黑、白、灰色系与生俱来的时尚质感，酝酿出卧室的风格与气质（图 4-84）。

图 4-83　书房

图 4-84　卧室

二、项目总体规划

项目总体规划见图 4-85。

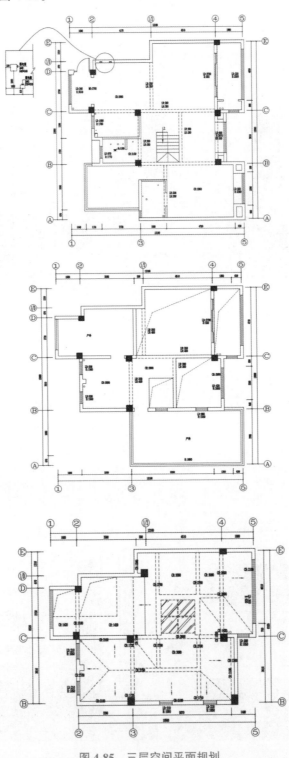

图 4-85　三层空间平面规划

三、别墅空间设计方法

别墅设计首先要解决功能定位问题。别墅与一般以满足居住功能为主的公寓不一样，别墅里可能会有健身房、娱乐室、洽谈室、书房，起居室还可能有主、次、小之分等。

微课：别墅空间设计

其一，别墅设计要以理解别墅居住群体的生活方式为前提，才能够真正将空间功能划分到位。其二，要对别墅风格进行定位。除了照顾使用者的喜好外，更多取决于使用者的生活品质。有的别墅是作为日常居住使用；有的别墅则是第二居所，用来度假休闲使用。而作为日常居住的别墅，要考虑到日常生活的功能，设计时以使用功能为主。作为度假性质的别墅在设计上及风格的定位上可多元化选择，营造一种与日常居室不同的氛围。

微课：3D再现经典设计——流水别墅

其三，别墅设计面积较大，装修项目多，因此在进行别墅装饰中更加需要有明确的整体投资预算，确定项目使用重点，在设计阶段就要对各项费用进行全面把控并合理地分配。其四，别墅设计中的水电设计与普通住宅的水电设计相比要更复杂，设计过程中牵涉的东西很多，包括取暖、通风、供热、安防等大量设备，而且由于面积大，空间穿插复杂，水电设计要考虑得特别周到、科学。其五，后期的陈设设计必不可少，合理的配饰会起到锦上添花、画龙点睛的作用。家具、窗帘、摆饰、餐具，以及个人饰品等须根据设计风格和氛围要求进行配置，才能与周围环境相互融合，和谐共鸣，达到理想的空间效果。

设计小技巧

拓展阅读

别墅空间的客厅挑空过高，设计师应该解决视觉的舒适感受，具体做法是，采用体积大、样式隆重的灯具弥补高处空旷的缺点。或在合适的位置圈出石膏线，或者用窗帘将客厅垂直分成两层，令空间敞阔豪华而不空旷。

4.4.2 别墅项目实训

项目来源：广州筑彩空间装饰有限公司

一、项目分析

1. 项目基本信息

本项目为广州花都凯旋门。项目雄踞广州北大门的花都区，紧邻花都区政府。占地近6万 m²，由11栋15层至23层的洋房和9栋三联排豪华别墅组成。本项目属于三联排豪华别墅，共4层。业主共7口人，分别是夫妻2人、孩子2个、父母2人，再加上1个保姆。业主夫妇经商，孩子为一男一女，均为小学生。根据业主的要求，本项目的主体风格定位为新古典主义风格。

2. 项目周围环境

项目周围交通便利，12min 直通白云国际机场，25min 抵达广州市中心。众多知名商场、银行、学校、医院以及度假区等生活配套已相继进驻。

3. 配套设施

凯旋门聘请知名高端物业团队，致力打造五星级服务物业，将国际主流品质高端生活带入凯旋门。多层监测红外防护系统、全封闭式管理模式、高科技安保系统，保障安全的居住领域。

4. 项目平面分析

（1）原建筑平面分析。根据客户提供和实地测量的数据，利用软件和手绘绘制出平面图，结合需要进行空间组织再创造。

（2）原建筑平面存在的不足。分析原建筑空间结构的优点和缺点，寻找未能满足业主需求的不足之处，提出解决方案。

（3）平面布局解决方案。针对原建筑分析得出的问题，提出解决方案（图 4-86~图 4-91）。

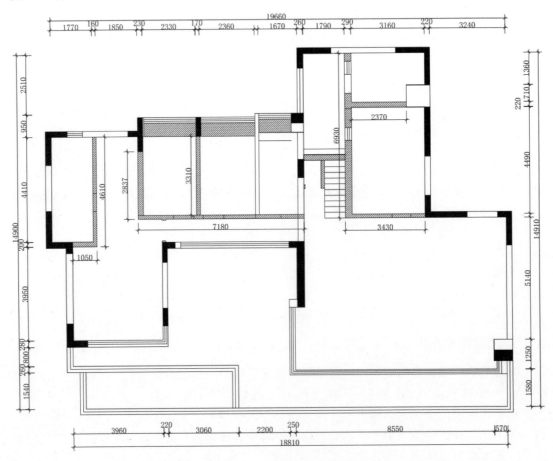

图 4-86　一层拆墙示意图

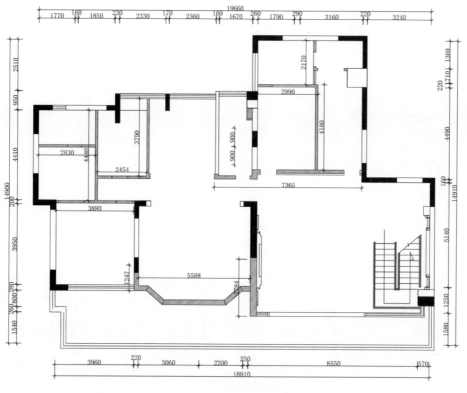

图 4-87 一层砌墙示意图

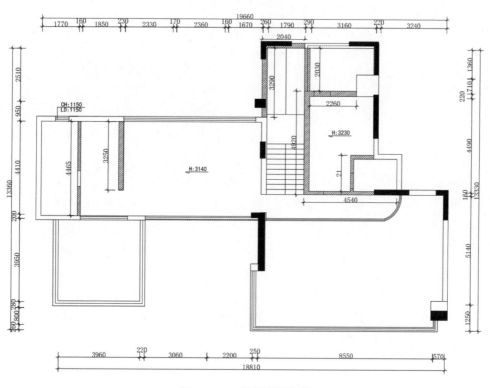

图 4-88 二层拆墙示意图

159

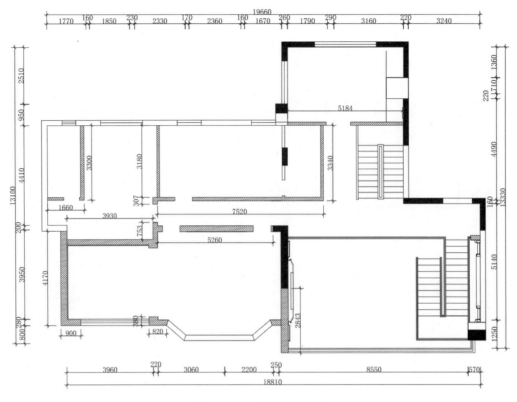

图 4-89　二层砌墙示意图

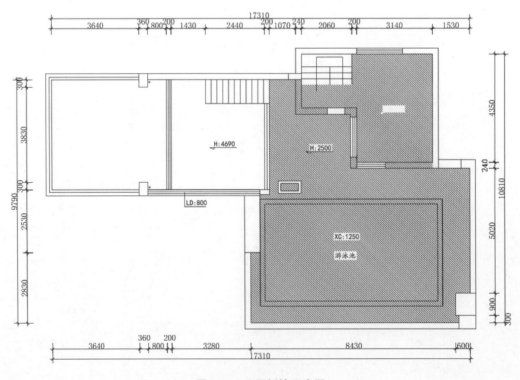

图 4-90　三层拆墙示意图

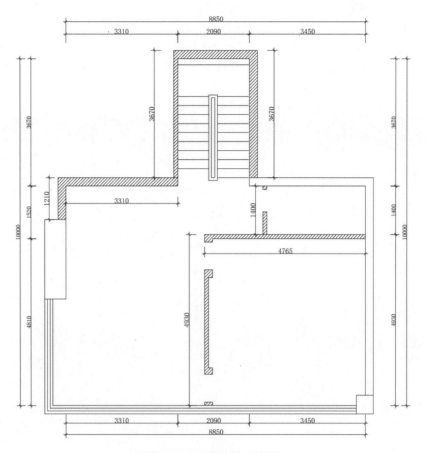

图 4-91　四层砌墙示意图

二、居室设计风格定位

很多人对风格并没有清晰的认识，他们的认识往往是片面、断裂、零碎和感性的。为了更方便地与客户沟通，可通过展示以往的作品、同类型的优秀作品或大师的作品来加强客户对空间的认识，这对促进工作进展是一件值得尝试、事半功倍的事情。绘制风格意向图可更有效地帮助客户对室内风格进行正确判断、定位，从而提高工作效率。

三、居室空间设计表现

1. 空间布局

在进行功能定位后，结合别墅与周边环境关系，分析原建筑空间的特点，对空间进行布局，完成平面布置图。一层原始结构中布局了 3 间卧室、厨房、客厅、卫生间等空间，但每个卧室空间面积相对较小，不好利用，客厅开间尺寸过大，所以对一层的墙体结构进行了较大的改动。调整结构后，空间利用率有了明显的好转。楼梯改到了入户的位置，设置了一个玄关进行遮挡，缩短了客厅开间，使空间尺寸更加合理。二层为两个孩子学习及休息的空间。根据一层结构的调整，二层也进行了修改，主要重构了儿童房及走道空间。调整后，两个孩子都拥有各自的卧室及自己的卫生间，且都有单独的书房，学习的时候不会互相干扰。三层原始结构有一个游泳池，业主觉得无用，果断去掉。重构结构后，三层变成了一个大套间，套间中包括主卧、主卫、衣帽间、书房、健身房，还有一个露台（图4-92~图4-95）。

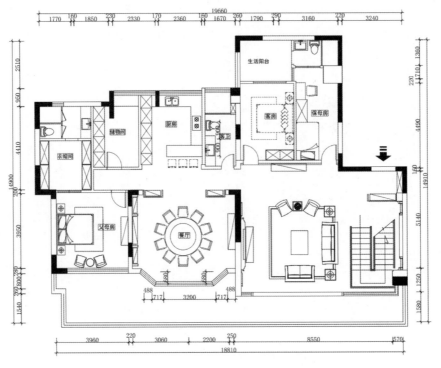

图 4-92　一层平面布置图（1 : 80）

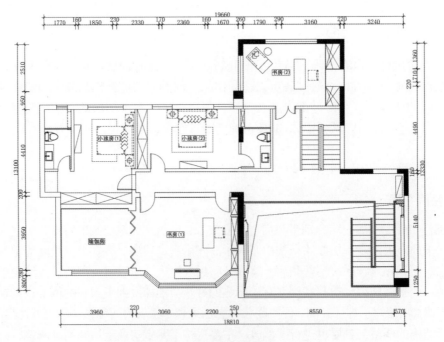

图 4-93　二层平面布置图（1 : 80）

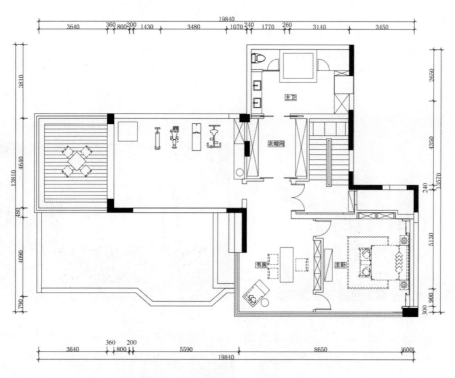

图 4-94　三层平面布置图（1∶80）

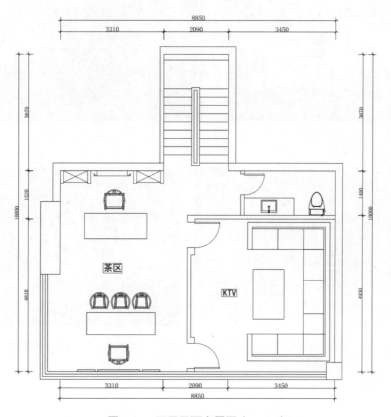

图 4-95　四层平面布置图（1∶80）

居室空间设计（微课版）

2. 界面处理

在界面处理上体现了新古典主义风格的特点。在装饰细节上充分体现浑厚稳健、高贵、儒雅之气。与客户沟通，对设计理念、功能定位界面处理、色彩配置，以及材料选择达成一定共识后，利用软件绘图，进一步对造型比例、结构、色彩、肌理、灯光等进行推敲比较，选择最优方案（图4-96~图4-101）。

图 4-96　客厅

图 4-97　餐厅

图 4-98　父母房

图 4-99　书房

图 4-100　影音室

图 4-101　露台

课堂互动

如何选择图4-98~图4-101所示居室设计的天花、地面或墙面的材料及工艺？

小贴士

随着人们环保意识的加强，绿色家居的观念已越来越受到人们的重视，家居应尽量选用无毒或少毒的材料；选购家具也不例外，要选择没有污染物质的家具。根据科学测定，一般室内污染物主要有甲醛、苯和苯化物，其有害气体主要来自各种人造板、涂料、油漆、黏合剂等；放射性物质，主要来源于天然石材、地面砖等。新装修的房间一定要通风一段时间后再使用，让有害物质尽快予以释放。

3. 居室空间色彩配置

本项目的色彩配置与造型、氛围相适应，以暖色调为主色调，采用相似色调的配置方式，深色实木地板配合浅色大理石，自然而成的内在静谧，优雅又不失质感，显得极为温馨（图4-102~图4-105）。

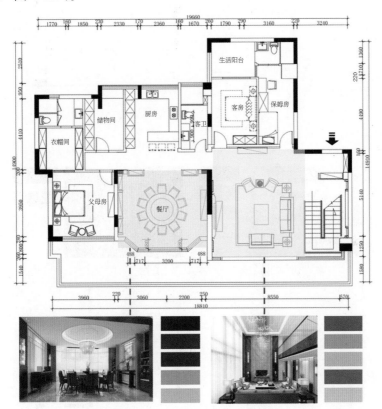

图4-102 一层空间色彩配置

4. 照明处理

在照明处理上突出室内风格，营造温馨、儒雅的氛围。采用了一般照明和局部照明相结合的混合照明方式，根据不同功能空间选择照明效果，如化妆、就寝前阅读、书桌前工作、餐桌前就餐等。采用可控制灯来对需要照明的表面进行照明；利用嵌入式灯具照亮墙面主题物陈设品；利用灯带作为房间的一般照明，保持室内光线柔和。在立面照明上结合了落地灯和台灯的局部照明效果，使得空间灯光层次丰富。

图 4-103　二层空间色彩配置

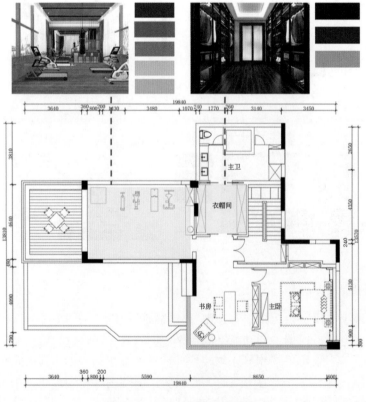

图 4-104　三层空间色彩配置

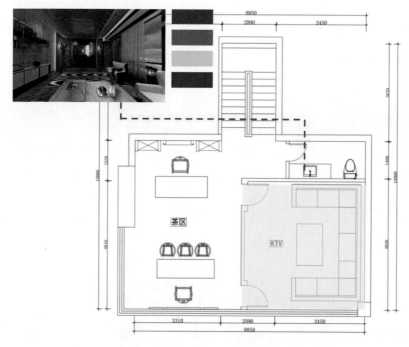

图 4-105　四层空间色彩配置

四、陈设设计

陈设设计是设计项目施工的最后一个环节，陈设设计的成败直接影响设计理念的表现和氛围营造效果。在实际工作中，室内设计师和陈设设计师往往并非同一个人，因此设计师之间的相互沟通非常重要。陈设设计根据工作流程可分为三个部分，即陈设设计咨询、陈设设计规划和陈设方案设计。

1. 陈设设计咨询

陈设设计咨询主要是对客户的想法设计理念、空间设计处理及现场资料进行整理与分析。其内容包含：熟读空间设计方案图纸；与设计师沟通；对设计空间进行现场实地测量，并对现场的各种空间关系现状做详细记录；了解客户的资金投入，对客户的审美要求等有清晰的把握。

2. 陈设设计规划

根据上一阶段的设计咨询，明确陈设设计的目的、任务及要解决的问题等，并根据以上内容进行详细规划，形成一个工作内容的总体框架。

3. 陈设方案设计

在方案设计阶段，设计师应提供的服务包括：第一，审查并了解客户的项目计划内容，把对客户要求的理解形成文件，并与客户达成共识；第二，初步确认任务内容、时间计划和经费预算；第三，通过与客户共同讨论，对设计中有关施工的各种可行性方案取得一致意见。该阶段的工作内容是形成一套初步设计文件，包括图纸、计划书、概括陈设设计说明等。

陈设设计主要通过概念表达、效果图图片注释、文案策划等多种多样的表达形式来展现设计者的设计意图及目的。其内容包括：根据空间尺寸配置家具；根据家具风格配置窗帘布艺；功能性装饰品配置，如台灯、落地灯、家用电器等；装饰性装饰品配置，如雕塑、地毯、工艺品等；墙面装饰画配置等。

五、设计施工图

施工图设计为工程设计的一个阶段，在技术设计、初步设计两阶段之后。这一阶段主要通过图纸，把设计者的意图和全部设计结果表达出来，作为施工制作的依据，它是设计和施工工作的桥梁。施工图设计文件，应满足设备材料采购、非标准设备制作和施工的需要（图 4-106~图 4-109）。

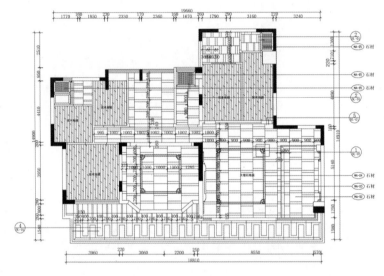

图 4-106　一层地面铺装图

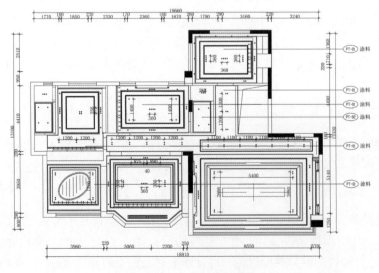

图 4-107　二层天花布置图

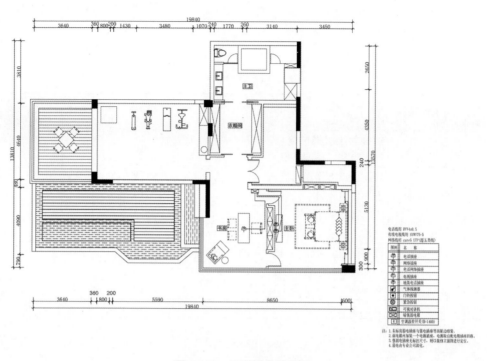

图 4-108　三层弱电铺设图

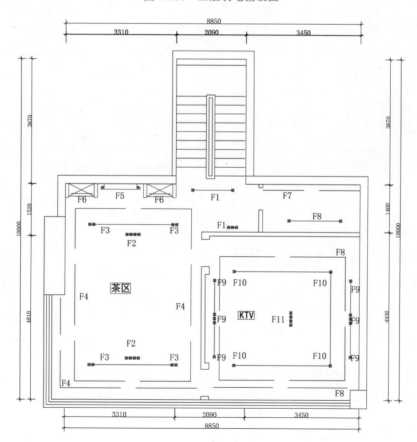

图 4-109　四层灯具控制图

六、任务评价

任务评价见表4-14。

表 4-14 项目评价表

一级指标	二级指标	评价内容	分值	自评	互评	校内教师	企业导师	业主
工作能力（50分）	小组协作能力	能够为小组提供信息，质疑、归类和检验，提出方法，阐明观点	10					
	实践操作能力	别墅设计方案制订能力	10					
		方案图纸设计、绘制能力	10					
		方案展示能力	5					
	表达能力	能够正确地组织和传达工作任务的内容	5					
	创新设计能力	能够设计出独特的、适合不同业主需求的方案	10					
作品得分（50分）	职业岗位能力	创新性、科学性、实用性	10					
		解决客户的实际需求问题	10					
		客户满意度	30					

七、总结提升

总结提升见表4-15。

表 4-15 项目评价表

素质提升	提升	
	不足	
知识掌握	掌握	
	不足	
能力达成	达成	
	不足	
改进措施		

【拓展实训】

项目来源：名雕装饰海悦新城分公司

微课：中国人居典范——北京四合院

1. 实训题目

恒福兴达李先生雅居

2. 完成形式

以2~4人为小组共同完成，团队合作。

3. 实训目标

（1）掌握别墅空间布局的思路与方法。

（2）掌握更多需求的空间合理优化的方法。

（3）掌握别墅空间的个性化设计。

（4）掌握别墅空间的各种细节设计方法。

4. 实训内容

如图 4-110 所示，项目面积 623m²，需进行室内设计。

5. 实训要求

（1）适合 7 口人共同居住。

（2）根据户型结构进行平面布局安排和适当改造。

（3）平面规划合理，动线合理。

（4）整体风格统一，并进行适当的软装设计。

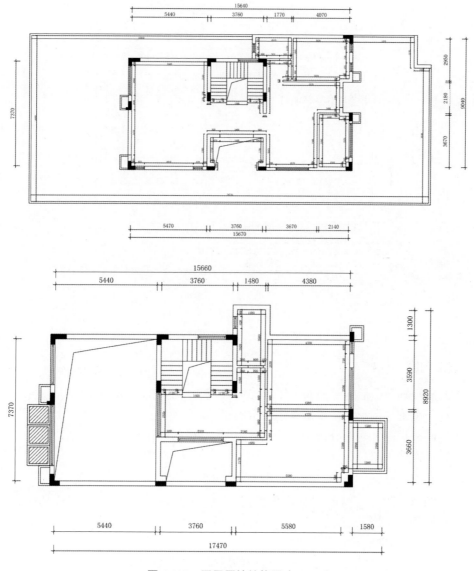

图 4-110　四层原始结构图（1∶75）

居室空间设计（微课版）

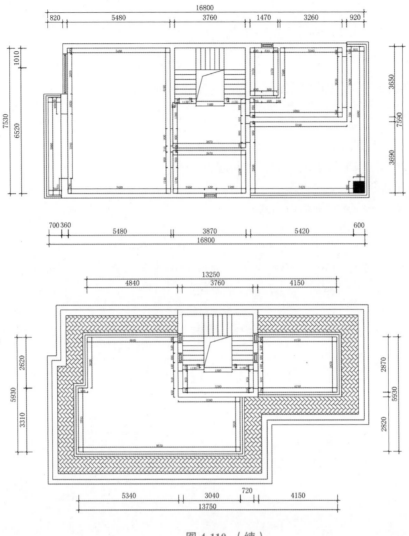

图 4-110 （续）

（5）进行一定的无障碍设计，适合老年人生活习惯。

6. 设计内容

（1）绘制规划改造后的平面布置图，布局合理、功能齐全、动线流畅。

（2）绘制思维导图、元素提炼草图、空间草图。

（3）绘制分析图（功能分析图、动线分析图、色彩分析图、材料分析图）。

（4）设计说明1份。

（5）设计施工图纸（平面、天花、立面、详图）。

（6）空间效果图。

（7）空间预算1份。

（8）600mm×900mm展板2张。

（9）设计小结，总结方案规划和改造中的思维过程和设计精髓。

项 目 小 结

根据高职院校培养应用型技能人才的要求，本项目课程内容设置依据实际工程为切入点，理论知识点围绕具体工程项目展开，学生结合实践工程练习的机会增多，从而达到良好的教学效果。

1. 案例导入、问题导入

（1）以居室各个空间使用合理性为基本原则，设计室内空间的功能分区、交通通道、拆砌墙体等平面划分问题，并在此基础之上确定和设计出适合业主要求的立面造型，通过对各个六面体空间的整体协调设计出整套居室空间的方案及图纸表现。

（2）通过模拟实例为基础范本，模拟南方地区某小区单元住宅户型设计，包括平面布局、风格定位、天花造型与平面布局的关系、材料搭配。

2. 练习题

（1）居室空间设计涵盖多少空间功能？各自的特点是什么？

（2）居室空间的设计重点和基本目的是什么？

（3）居室空间所涉及的设计及装修后期所涉及的辅助内容包括哪些？

3. 项目实施与评估

（1）采用多媒体图像教学，对国内外知名作品深刻分析讲解，帮助学生直观准确地把握设计创意及设计方法技巧。

（2）本项目有别于其他项目，其本身就能形成一门系统的课程，在这里作为居室空间设计课程中的一部分，方案设计时应结合前几部分的知识点，综合地进行设计与表现。

4. 项目规范及制作方式

所有项目课题训练的实施均采用计算机软件绘制施工图，要求统一图纸比例、图框、图纸排列顺序等，其中效果图采用手绘快速表现方式，并使用彩色铅笔与马克笔等多种材料，多角度表现不同空间的设计效果，并要求效果图中出现的造型与施工图中尺寸和材料保持一致。

5. 职业技能等级考核指导

"1+X"室内设计职业技能等级证书（中级）技能操作考核。

（1）根据给定空间的图片绘制该空间的平、立、顶及节点大样施工图，重点考核施工图制图规范、图纸的美观性及对空间布局的理解、驾驭能力。

（2）绘制效果图（手绘、计算机绘制皆可）。

参 考 文 献

[1] 谢晶，朱芸.住宅空间设计 [M].北京：北京理工大学出版社，2019.

[2] 黄春峰.住宅空间设计 [M].2 版.长沙：湖南大学出版社，2018.

[3] 严肃.建筑室内设计实务 [M].南昌：江西美术出版社，2018.

[4] 赵肖.居住空间设计内设计 [M].北京：北京理工大学出版社，2019.

[5] 汤重熹，卢小根，吴宗敏.室内设计 [M].3 版.北京：高等教育出版社，2016.

[6] 祝彬，黄佳.住宅空间布局与动线优化 [M].北京：化学工业出版社，2021.

[7] 陈永红，张双，陈华勇.住宅空间设计 [M].北京：中国建材工业出版社，2020.

[8] 张雪，吴文达.居住空间设计 [M].北京：北京理工大学出版社，2021.

[9] 兰育平，张永福.居住空间设计 [M].长沙：中南大学出版社，2014.

[10] 孔小丹.室内项目化教程 [M].北京：高等教育出版社，2014.

[11] 颜文明.居室空间设计 [M].武汉：华中科技大学出版社，2020.

[12] 朱淳，王纯，王一先.家居室内设计 [M].北京：化学工业出版社，2014.

[13] 毕秀梅.室内设计原理 [M].北京：中国水利水电出版社，2009.

[14] 肖海文，张政梅，程厚强.家具设计与制作 [M].北京：北京理工大学出版社，2021.

[15] "室内设计联盟网"微信公众号，南京会筑设计，https://mp.weixin.qq.com/s/vU971Y42xbdEz36X7Yfj
Yw[2022-07-06].